ANLEITUNGEN FÜR DIE CHEMISCHE
LABORATORIUMSPRAXIS
HERAUSGEGEBEN VON H. MAYER-KAUPP
BAND IV

POLAROGRAPHISCHES PRAKTIKUM

VON

JAROSLAV HEYROVSKY

ZWEITE NEUBEARBEITETE AUFLAGE

MIT 105 ABBILDUNGEN

SPRINGER-VERLAG
BERLIN · GÖTTINGEN · HEIDELBERG
1960

ISBN-13:978-3-642-92775-1   e-ISBN-13:978-3-642-92774-4
DOI: 10.1007/978-3-642-92774-4

Alle Rechte, insbesondere das der Übersetzung in fremde Sprachen, vorbehalten
Ohne ausdrückliche Genehmigung des Verlages ist es auch nicht gestattet,
dieses Buch oder Teile daraus auf photomechanischem Wege
(Photokopie, Mikrokopie) zu vervielfältigen
Copyright 1948 bei Springer-Verlag OHG., Berlin · Göttingen · Heidelberg
© by Springer-Verlag OHG., Berlin · Göttingen · Heidelberg 1960

Die Wiedergabe von Gebrauchsnamen, Handelsnamen, Warenbezeichnungen usw. in diesem Buche berechtigt auch ohne besondere Kennzeichnung nicht zu der Annahme, daß solche Namen im Sinne der Warenzeichen- und Markenschutz-Gesetzgebung als frei zu betrachten wären und daher von jedermann benutzt werden dürften

Vorwort zur zweiten Auflage

Seit der ersten Auflage des „Polarographischen Praktikums" vergingen zwölf Jahre, in denen sich die Polarographie in ihrer Theorie und in ihren praktischen Anwendungen weitgehend entwickelt hat. Es sind einige tausend neue Abhandlungen und mehrere Lehrbücher in verschiedenen Sprachen erschienen, weswegen das „Praktikum" den Fortschritten entsprechend umgeändert werden mußte und einer Ergänzung durch einige neuere Methoden bedurfte. Das Kapitel über oszillographische Polarographie, die sich neben der klassischen Polarographie entwickelte, und der nun eigene Monographien gewidmet werden, wurde ausgelassen.

Dieses Büchlein ist eigentlich ein Leitfaden für praktische Übungen in der Polarographie, so wie sie von den fortgeschrittenen Hörern der Prager Karlsuniversität alljährlich absolviert werden, die parallel mit den theoretischen Vorlesungen verlaufen.

In seinem kleinen Umfang beschreibt das Praktikum nur die grundlegenden und meist benutzten Methoden und gibt technische Hinweise an. Das Werk soll als Einführung in die polarographischen Arbeitsmethoden dienen, namentlich fürAnalytiker, die die Polarographie als Routineanalyse benutzen sollen; diejenigen, die in der Polarographie wissenschaftlich arbeiten wollen, können sich nicht mit dieser Schrift begnügen und sollen eines der modernen Lehrbücher der Polarographie studieren.

Prag, Januar 1960

J. HEYROVSKÝ

Vorwort zur ersten Auflage

Das Erscheinen des vorliegenden Bandes erweist sich als notwendig, da das HOHNsche Buch „Chemische Analysen mit dem Polarographen" (diese Sammlung, Bd. III, 1937, 102 S.) vergriffen ist und dessen Inhalt der neuesten E.twicklung der Polarographie nicht mehr entsprechen würde. Da der Verfasser in seiner mehr als zwanzigjährigen Laboratoriumspraxis mit Polarographieren und Polarographisten öfters Einführungen in die polarographische Methode unternahm, konnte er die vorliegende Einleitung nach seinen eigenen Erfahrungen darstellen. Um dem Anfänger und auch jenem, we'cher ohne Polarographen Forschungen durchführen möchte, die physikalischen Grundlagen der Methode zu erläutern, beginnt das Buch mit Schilderungen der mit einfachsten physikalischen Apparaten – wie Galvanometer, Meßbrücke und Zelle – durchführbaren analytischen Bestimmungen. Zu den Untersuchungen, die im letzten Teil des Bandes beschrieben werden, braucht der Polarographist dagegen ein modernes technisches Hilfsmittel – den Kathodenstrahloszillographen.

Das vorliegende Hilfsbuch soll auch als eine Ergänzung zur „Polarographie" des Verfassers (Wien, Springer-Verlag, 1941, 514 S.) dienen, und zwar in praktischer Hinsicht, denn die genannte große Monographie befaßt sich hauptsächlich mit der Theorie und den mannigfaltigen Anwendungen der Polarographie, unter Verzicht auf eine systematische Beschreibung der Handhabung, praktische Ratschläge und Übungsbeispiele. Demgemäß wurde in dem beschränkten Umfang des vorliegenden Praktikums nur das Nötigste der Theorie und der Analysenvorschriften erwähnt. Dagegen war der Verfasser bestrebt, den Leser in die verschiedensten polarographischen Verfahren in Form von Übungen einzuführen, so daß ihm in der Praxis keine der polarographischen Vorschriften Schwierigkeiten bereitet. Die Literaturangaben wurden auf das Mindestmaß beschränkt, da in der Monographie das Schrifttum ausführlich angegeben ist. Einige der wichtigsten Angaben, welche nach dem Kriege zugänglich wurden, konnten nur im Schrifttum erwähnt werden.

Prag, Dezember 1945

J. HEYROVSKY

Inhaltsverzeichnis

Erster Teil
Meßanordnungen

Einleitung	1
I. Einfachste Anordnung	3
1. Die Tropfelektrode	4
2. Die Stromspannungskurve	6
3. Einige Anwendungen	8
Bestimmung des Sauerstoffgehaltes der Lösung	8
Bestimmung der Alkalien in Wässern	9
II. Anordnung mit dem Spiegelgalvanometer	9
1. Einstellen der erforderlichen Dämpfung	10
2. Einstellen der Empfindlichkeit	10
III. Die Elektrolysengefäße	12
IV. Entfernen des Luftsauerstoffs	17
V. Bestimmung der Depolarisationsspannung und der Halbstufenpotentiale	18
VI. Die Bedeutung des Zusatzelektrolyts (Grundelektrolyts)	21
VII. Polarographische Ströme	24
VIII. Durchführung der polarometrischen Titrationen (Grenzstromtitrationen)	29
IX. Der Polarograph	33
1. Regulierung des Potentialabfalls im Meßdraht	35
2. Vorrichtung zum Messen des Potentials der ruhenden Elektrode, d.h. zur Bestimmung des Bodenpotentials	36
3. Anodisch-kathodische Polarisation der Tropfelektrode	36
4. Kompensation des Ladungsstromes	37
5. Ableitungsschaltung	38
6. Dämpfen der Galvanometer-Oszillationen	39
7. Sonstige Einrichtungen	40
X. Polarographen anderer Konstruktion	40
XI. Auswertung der Polarogramme	42
XII. Methoden der quantitativen polarographischen Analyse	43
XIII. Schutz vor Quecksilbervergiftung	45
XIV. Prüfung der Apparatur	46
XV. Die Ursachen von Störungen des Kurvenverlaufs	51

Zweiter Teil

Polarographische Bestimmungen

Einleitung 54

I. Die Lösung in Gegenwart von Luftsauerstoff wird offen im Becher untersucht 55
   1. Metallabscheidung 55
   2. Anorganische Reduktion... 56
   3. Organische Reduktionen 57
   4. Organische Oxydation 61
   5. Katalysierte Wasserstoffabscheidung 63

II. Luftsauerstoff wird in offenem Becher durch CO_2 entfernt 65
   1. Metallabscheidungen 65
   2. Anorganische Oxydations- und Reduktionsstufe zur Bestimmung von Eisen 67
   3. Organische Reduktion 68
   4. Anodische Depolarisation durch Cl'-Ionen 68

III. Die Lösung befindet sich in offenem Becher mit Zusatz von Na_2SO_3 ... 69
   1. Metallabscheidungen 69
   2. Reduktionen einiger Anionen..................................... 73

IV. Die Lösung wird nach Durchleiten von Stickstoff oder Wasserstoff unter Luftabschluß untersucht 74
   1. Metallabscheidungen 74
   2. Reduktion der Kationen 76
   3. Reduktion der Anionen.. 77
   4. Bestimmung von Nitraten und Nitriten 78
   5. Kathodische und anodische Stufe des Kations und des Anions eines Elektrolyten 80
   6. Organische Reduktion 80
   7. Nichtwäßrige Lösungsmittel 82

V. Mikroanalytische Untersuchungen... 83
   1. Geräte 83
   2. Spuren von Metallen in destilliertem Wasser 85
   3. Erreichen der höchsten Empfindlichkeit 85
   4. Bestimmung von unedleren Bestandteilen mittels Gegenstroms 87

VI. Unterdrücken der Maxima 88
   1. Durch Farbstoffe 88
   2. Unterdrückung der Maxima durch Naturprodukte 89
   3. Unterscheidung des Reinheitsgrades von Wasser 89

VII. Analyse einer Lösung von unbekannter Zusammensetzung 90

VIII. Tabellen der Depolarisationspotentiale 97

IX. Verzeichnis der für das Praktikum erforderlichen Reagentien und der sonstigen Laboratoriumsgeräte 101
    1. Präparate (reinste) 101
    2. Normallösungen zu längerem Gebrauch 102
    3. Glasgeschirr 103
    4. Sonstige Geräte 103

Literaturangaben aus dem polarographischen Schrifttum 104

Bibliographisches Verzeichnis.................................. 107

Sachverzeichnis.. 108

Erster Teil

Meßanordnungen

Einleitung

Vorteile der tropfenden Quecksilberelektrode. Die Polarographie ist eine die elektrolytischen Vorgänge benützende Analysenmethode, bei der aus der Gestalt der Stromspannungskurve die Art und Menge gewisser Bestandteile von Lösungen bestimmt wird. Um unter exakt definierten Bedingungen arbeiten zu können, bedient man sich dabei einer langsam tropfenden Quecksilberelektrode (Abb. 1). Das Quecksilber tropft aus einer dickwandigen Glascapillare in die analytisch zu untersuchende Lösung, wobei eine Quecksilberschicht am Boden des Gefäßes als die zweite Elektrode benutzt wird. Die an die Quecksilberelektroden angelegte Spannung wird allmählich gesteigert, und der durch die Lösung fließende Strom wird mittels eines empfindlichen Galvanometers gemessen. Anwesenheit von verschiedenen Bestandteilen verursacht bei gewissen Spannungen Stromanstiege, welche die Art und Menge der Bestandteile anzeigen. Dabei sind die Vorteile der Elektrolyse mit der tropfenden Quecksilberelektrode folgende:

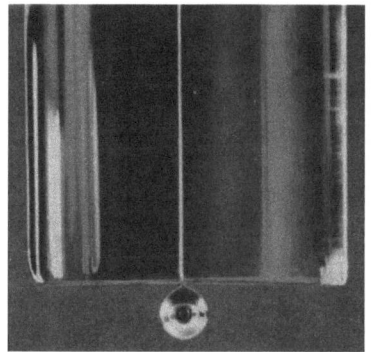

Abb. 1. Die tropfende Quecksilberelektrode. (Vergrößerung etwa 1 : 10)

1. Das regelmäßige Abtropfen des Quecksilbers bietet bei der Elektrolyse in der Lösung stets eine neue, durch vorhergehende Elektrodenvorgänge unbeeinflußte, ideal glatte Elektrodenoberfläche (Abb. 2). Somit ist der Strom nur von der angelegten Spannung und der Zusammensetzung der Lösung, nicht aber von der Zeitdauer der Elektrolyse abhängig. Die Ergebnisse sind daher vollständig reproduzierbar.

2. Wegen der kleinen Oberfläche der Tropfelektrode ist an ihr die Stromdichte bereits bei sehr kleiner Stromstärke ziemlich hoch, so daß die Tropfelektrode bei geringem Stromdurchgang gut polarisierbar ist, das heißt der angelegten Spannung durch Steigerung des eigenen Potentials ist eine Kraft (Polarisation) entgegengesetzt. Somit ist der Stromdurchgang eingeschränkt. Daher geht nur eine zu vernachlässigende Menge der Bestandteile der Lösung, die in der kleinen Oberflächenschicht

1 Heyrovský, Polarograph. Praktikum, 2. Aufl.

des Quecksilbertropfens elektrolytisch zersetzt wird, verloren, so daß die Elektrolyse beliebig oft wiederholt werden kann, ohne daß sich die Zusammensetzung der Lösung merklich ändert.

3. Die große Wasserstoffüberspannung, welche sich an der frischen Quecksilberoberfläche der Wasserstoffabscheidung entgegensetzt, ermöglicht das Erreichen von sehr negativen Potentialen, ohne daß störende Wirkungen der Wasserstoffentwicklung eintreten. So können aus neutralen Lösungen auch die Alkalimetalle glatt ohne Wasserstoff abgeschieden werden.

4. Die glatte, reine, fortwährend sich erneuernde Oberfläche des tropfenden Quecksilbers bietet eine ideale Elektrode zur momentanen Einstellung der Redox-Gleichgewichte, ähnlich wie es in der Potentiometrie auf einer Platinelektrode der Fall ist.

5. Durch das anodische Auflösen der Quecksilberelektrode entstehen Quecksilberverbindungen mit bestimmten Stoffen, welche dadurch festgestellt werden können.

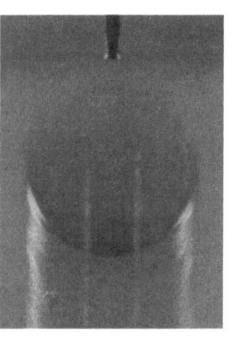

Die gewöhnlichen Konzentrationsgrenzen der Depolarisatoren, in welchen die polarographische Methode gute Ergebnisse liefert, liegen zwischen 10^{-2} bis 10^{-6} molar bei einer Genauigkeit von ± 1 bis 5%. Bei höheren Konzentrationen ist die Genauigkeit entsprechend größer.

Die Erfassungsgrenze ist so hoch, daß bei einem Flüssigkeitsvolumen von 0,005 ml die Menge des depolarisierend wirkenden Stoffes 0,01 bis 0,0001 γ erreicht.

Weiter wurde für die Methode zum Vorteil, daß die erforderlichen Meßinstrumente einfach sind und leicht verfertigt werden können und daß die Ergebnisse durch ein später eingeführtes selbsttätig arbeitendes Gerät – den Polarographen – auf eine schnelle und objektive Art zu erhalten sind.

Dank dieser Vorteile wurden zahlreiche verschiedenartige Elektrodenvorgänge untersucht und viele zu analytischen Zwecken geeignet gefunden.

Abb. 2. Der Abfall und die Bildung des Tropfens (aus einer Filmaufnahme, je $1/24$ sec)

Für spezielle Zwecke benutzt man statt der tropfenden die strömende oder eine ruhende, lakenförmige Quecksilberelektrode, oder auch einen ruhenden hängenden Tropfen. Der einzige Nachteil der Quecksilberelektrode ist ihre Unfähigkeit, zu positiveren Potentialen als $+0,45$ V von der N.K.E. polarisiert zu werden, denn bei diesen Potentialen löst sich das Quecksilber anodisch auf. Sollte man positivere Spannungen an die polarisierbare Elektrode anlegen, müßte sie aus einem unangreifbaren Metall mit großer Sauerstoffüberspannung, wie Platin oder sonstige Edelmetalle, bestehen. Damit an einer solchen Elektrode die Oberfläche frisch und ohne elektrolytische Produkte erhalten wird, muß sie schnell rotieren oder vibrieren, was mit einem komplizierten Mechanismus verbunden ist. Die Kurven, die bei Benutzung der polarographischen Einrichtung mit festen Elektroden erhalten werden, erreichen jedoch nie die Reproduzierbarkeit der Kurven, die man mit der tropfenden Quecksilberelektrode erhält.

In diesem Buche beschränken wir uns auf Aufgaben, die mit der tropfenden Quecksilberelektrode durchführbar sind.

I. Einfachste Anordnung

Die Elektrolyse mit der tropfenden Quecksilberelektrode dient auch in der einfachsten Anordnung zu analytischen Zwecken und ist dabei einem Anfänger auch theoretisch am leichtesten zugänglich. Deswegen eignen sich solche Messungen als Übungen im elektrochemischen Praktikum der Hochschulen, da das erforderliche einfache Gerät allgemein vorhanden ist.

Man benutzt einen mit Schleifkontakt versehenen Meßdraht von 10 bis 20 Ohm, z. B. eine Meßbrücke oder Kohlrauschtrommel für konduktometrische Zwecke oder einen Potentiometerdraht für Kompensationsmessungen, dessen Enden A und B (Abb. 3a) man mit einem 2- oder 4-V-

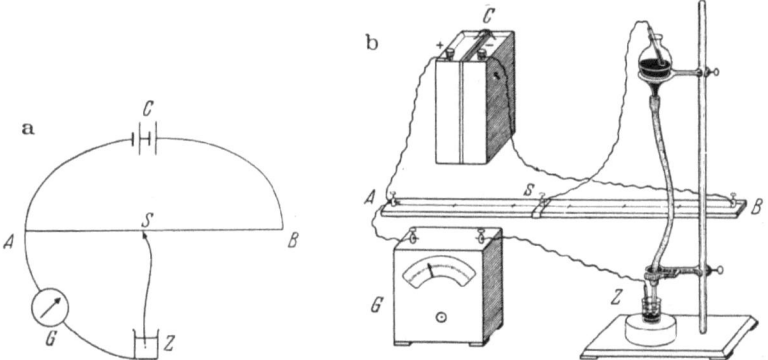

Abb. 3a u. b. a) Schema der Anordnung zur Elektrolyse mit der tropfenden Quecksilberelektrode
b) Einfachste praktische Anordnung

Bleisammler C verbindet. Vom Anfang des Meßdrahtes A und vom Schleifkontakt S zweigt man die zur Elektrolyse erforderliche Spannung an die Quecksilberelektroden der Zelle Z ab (Abb. 3b). Diese Zelle besteht aus einem gewöhnlichen Becherglas von 5 bis 20 ccm Ausmaß, in welchem sich die zu untersuchende Elektrolytlösung befindet. In das Becherglas gießt man Quecksilber zu einer Höhe von etwa 5 mm und taucht die

Tropfelektrode in die Lösung ein (Abb. 4). Da diese den wichtigsten Teil jeder polarographischen Anordnung bildet, sollen in folgendem ihre Zubereitung und ihre Eigenschaften ausführlich erörtert werden.

1. Die Tropfelektrode

Für die meisten Untersuchungen eignet sich am besten eine dickwandige Glascapillare von äußerem Durchmesser etwa 0,5 cm und innerer Lichtung etwa 0,08 mm. Diese können je nach den Angaben der Dimensionen von den Glaswerken Schott u. Gen., Jena, bezogen werden und sollen am besten in Stücken zu 25 cm Länge verlangt werden. Etwa

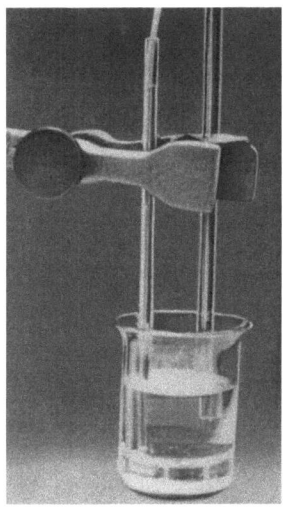

Abb. 4. Die einfachste polarographische Zelle

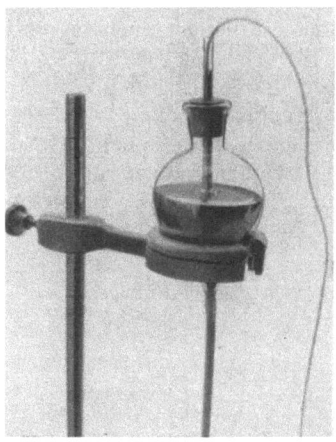

Abb. 5. Der Quecksilberbehälter mit Kontakt am Stativ

ein Drittel dieses Stäbchens, also 7 bis 8 cm, wird angeschnitten und womöglich glatt abgebrochen. Zum Füllen mit Quecksilber wird ein birnenförmiger, etwa 6 bis 7 cm breiter Behälter in einem Ring hoch am Stativ (Abb. 5) befestigt und an sein unteres Ende ein etwa 60 cm langer Gummischlauch von 6 bis 7 mm äußerem Durchmesser und 1 bis 1,5 mm Wanddicke angesteckt. Die Capillare wird in die untere Öffnung des Gummischlauches etwa 2 cm tief fest eingesteckt. Nun wird der Behälter mit Quecksilber gefüllt, durch Schütteln des Schlauches werden die Luftblasen ausgetrieben, das obere Ende der Capillare wird in einer Klemme (Abb. 4) befestigt und das freie Ende in eine 1 N KCl-Lösung getaucht, welche sich in dem mit Bodenquecksilber versehenen Becherglas befindet. Die Mündung der Capillare soll sich mindestens einige Millimeter unter der Oberfläche der Lösung und einige Millimeter bis Zentimeter über der Quecksilberschicht, am besten in der Mitte der Lösung, befinden. Damit sich das Becherglas beim Austauschen der Lösungen leicht unterstellen läßt und dabei die Capillare unbeweglich bleibt, benutzt man einen 3 bis 4 cm hohen Holzblock als Unterlage.

Die Höhe des Stabstativs soll 40 bis 90 cm betragen, und der Eisenring soll innen mit Holz belegt sein. Statt Gummi ist es vorteilhafter, für den Schlauch einen durchsichtigen Kunststoff, z. B. Polyvinylchlorid, anzuwenden. Nun wird die geeignetste Tropfzeit der Capillarelektrode von 3 sec eingestellt, wozu eine Stoppuhr unentbehrlich ist. Da die Tropfzeit in gegebener Lösung sowohl vom Elektrodenpotential wie vom Quecksilberdruck abhängt, wird die tropfende Elektrode mit der ruhenden Quecksilberelektrode kurzgeschlossen, womit der tropfenden Elektrode das Potential der normalen Kalomelelektrode erteilt wird. Der Anschluß zum Behälter und zum Bodenquecksilber geschieht mittels in Glasröhrchen eingeschmolzener Platinkontakte und Quecksilberfüllung, welche in das Becherglas und in den Quecksilberbehälter eingebracht sind. Die Kontaktröhrchen sollen unten gebogen sein (Abb. 6a), damit ihre Platinspitze ganz in das Quecksilber eintaucht und nicht leicht abbricht. Durch die Krümmung wird auch die Möglichkeit einer Verstopfung der Mündung des Behälters verhütet. Zum Füllen dieser Kontaktröhrchen eignen sich die in Abb. 6b gezeichneten Pipetten. Nun wird beim Kurzschluß der Quecksilberelektroden der Quecksilbervorratsbehälter solange gesenkt, bis die Tropfzeit von 3 sec erreicht wird. Die dementsprechende Lage der Ringschraube wird durch einen Strich am Stativ und ebenso die Höhe des Quecksilbers an der Wand des Behälters bezeichnet, da-

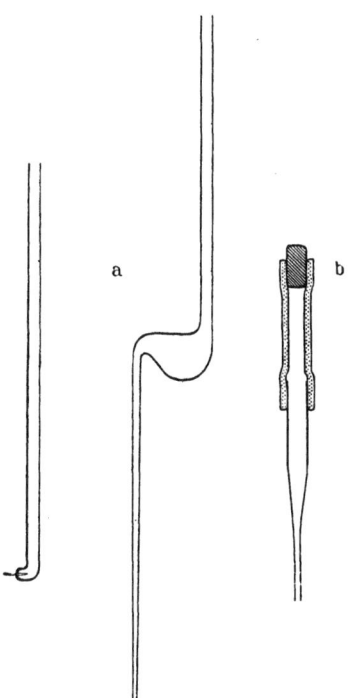

Abb. 6a u. b. Kontaktröhrchen und Pipetten zum Füllen mit Quecksilber

mit man bei allen Messungen immer dieselbe Durchströmungsgeschwindigkeit erhält. Bei den hier angegebenen Dimensionen der Capillare und Tropfzeit von 3 sec ergibt sich bei der erforderlichen Höhe des Behälters von 28 cm über der Capillarmündung eine Durchströmungsgeschwindigkeit von 0,0028 g je sec. Man erhält dieselbe, wenn man ein trockenes Gefäßchen der frei tropfenden Capillare unterstellt und die in 1 bis 3 Minuten abtropfende Quecksilbermenge wägt. Ein Zettel mit Angaben des Durchmessers, der Tropfzeit und der Durchströmungsgeschwindigkeit soll am Stativ der Tropfelektrode befestigt sein. Wenn die Capillare nicht gebraucht wird, stellt man ihr nach gutem Abwaschen ein Gefäß mit destilliertem Wasser unter, und der Quecksilberbehälter wird so tief gesenkt bis das Tropfen gerade aufhört. In dieser Lage kann die Capillare eine beliebige Zeit aufbewahrt werden.

Da die dickwandige Capillarelektrode nicht zerbrechlich ist, kann sie unbeschränkt lange benutzt werden. Bei zufälligem Verstopfen wird sie mittels einer Wasserstrahlpumpe unter starkem Durchsaugen mit Salpetersäure gereinigt, dann ähnlich mit destilliertem Wasser und Alkohol durchgespült und schließlich durch staublose Luft getrocknet. Oft genügt es, die Capillare in der Flamme zu erhitzen, um die in ihr haftenden Tröpfchen von Wasser oder Quecksilber auszutreiben.

Das zu polarographischen Untersuchungen gebrauchte Quecksilber muß von anderen Metallen frei sein und soll deswegen nach gewöhnlicher chemischer Reinigung einmal im Luftstrom und nachher im Vakuum destilliert werden [1]. Für die Quecksilberschicht am Boden des Gefäßes kann feuchtes Quecksilber benutzt werden. Wenn nicht mit größeren Strömen bei Abscheidungen von Schwermetallen gearbeitet wird, kann das austropfende sowie das Bodenquecksilber wiederholt, nach einfachem Auswaschen mit destilliertem Wasser und Abtrennen im Scheidetrichter, benutzt werden.

2. Die Stromspannungskurve

Um den durch die Zelle Z fließenden elektrischen Strom zu messen, schaltet man ein empfindliches Zeigergalvanometer oder Mikroamperemeter (Abb. 3b) mit einer Empfindlichkeit von 10^{-5} bis 10^{-6} Ampere je Teilstrich in den zur Zelle abgezweigten Ast ein. Das Becherglas fülle man zunächst mit destilliertem Wasser, in welchem kurz vorher ein Kriställchen Natriumsulfit (etwa zu 2%) gelöst wurde. Dadurch erhalten wir eine gutleitende Lösung, in welcher Luftsauerstoff mittels des Sulfits entfernt ist. Dann gießt man das Bodenquecksilber ein und verbindet die Kontakte nach dem Schema (Abb. 3a). Nun beobachtet man bei steigender Spannung die entsprechenden Galvanometerausschläge. Dabei legt man zuerst eine Spannung von 0,2 V, also dem ersten Zehntel des Meßdrahtes entsprechend, an die Elektroden, wobei die ruhende Quecksilberschicht mit dem positiven Pole des Bleisammlers verbunden ist, so daß diese Elektrode als Anode und die tropfende Elektrode als Kathode dient. Bei 0,2 V zeigt sich ein geringer, fast unmeßbarer Galvanometerausschlag. Dann verschiebt man den Schleifkontakt am Meßdraht um 0,2 V, also zu 0,4 V Spannung; der Galvanometerausschlag ist wieder gering. So schreitet man um je 0,2 V weiter. Erst bei der Spannung 1,7 V wird ein größerer Ausschlag beobachtet; von nun an schreitet man vorsichtiger, um je 0,05 V, zu größerer Spannung und bemerkt immer größere Ausschläge. Man schreitet solange fort, bis der Galvanometerausschlag das Ende der Skala erreicht. Wegen des Abtropfens von Quecksilber schwingt der Galvanometerausschlag entsprechend; für das Diagramm wählt man entweder den größten Ausschlag oder den Mittelwert der Schwingungen.

Um die Stromspannungskurve zu erhalten, zeichnet man ein Diagramm, in dem an der Abszisse die angelegten Spannungen und an der

Ordinate die entsprechenden Galvanometerausschläge (also die Stromstärke) aufgetragen sind (Abb. 7, Kurve 1). Die glatte Kurve, welche die Punkte des Diagramms verbindet, ist die Stromspannungskurve. Die Biegung der Kurve bei 1,7 V gibt die Zersetzungsspannung der Natriumsulfitlösung an; bei dieser Spannung wird an der Kathode das Natrium abgeschieden und bildet ein verdünntes Amalgam, an der Anode geht Quecksilber in Lösung. Kurve 1 nennt man die Kurve der „leeren Lösung", da die Lösung bloß aus dem leitenden Grundelektrolyten besteht, ohne andere elektrolytisch wirkende Bestandteile (sog. Depolarisatoren) zu enthalten.

Eine andere Form der Stromspannungskurve erhält man, wenn man zu 10 ccm der Sulfitlösung etwa 4 Tropfen einer gesättigten Thallosulfat-

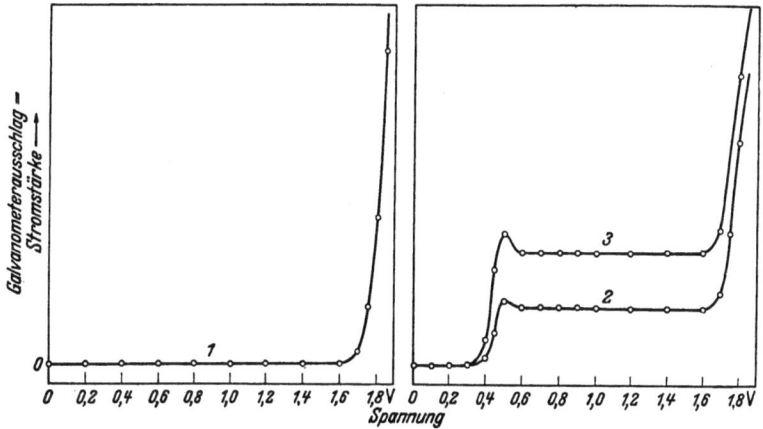

Abb. 7. Die Stromspannungskurven 1. mit Na$_2$SO$_3$, 2. nach Zugabe von 4 Tropfen gesättigter Lösun von Tl$_2$SO$_4$ zu 10 ccm, 3. nach Zugabe von 8 Tropfen gesättigt. Tl$_2$SO$_4$

lösung (etwa 0,2 N Tl$_2$SO$_4$) zugibt. Bis zur Spannung 0,4 V sind die Galvanometerausschläge gering, von 0,4 V an vergrößern sie sich mit steigender Spannung bis zu einem Höchstwert, welcher etwa bei 0,5 V erreicht wird und bis zu 1,7 V verbleibt. Bei Spannungen über 1,7 V geben größere Ausschläge einen neuen Stromanstieg an. An der Stromspannungskurve dieser Lösung (Abb. 7, Kurve 2) erscheint nach Überschreiten der Zersetzungsspannung des Thalliumsalzes bei 0,4 V eine sog. „Stufe". Der Höchstwert des Stromes, welcher über 0,4 V erreicht wird und durch die Höhe der Stufe angegeben ist, wird „Grenzstrom" genannt, und da er dadurch begrenzt ist, daß an der Tropfelektrode nur so viel Thalloionen abgeschieden werden, als zu der Kathodenoberfläche zudiffundieren können, nennt man diesen Grenzstrom „Diffusionsstrom". Dieser ist bei gegebener Tropfzeit und Durchströmungsgeschwindigkeit, also bei konstant gehaltener Höhe des Behälters, der Konzentration der Thalloionen proportional, wovon man sich durch Zugabe von weiteren 4 Tropfen der Thallosulfatlösung leicht überzeugen kann (Kurve 3). So erhaltene Stromspannungskurven kann man beliebigmal wiederholen, sowohl mit aufsteigender als auch mit sinkender EMK, wobei sie genau übereinstimmen, also vollständig reproduzierbar sind.

Es sei hier darauf aufmerksam gemacht, daß bei jedem Austausch der zu untersuchenden Lösung durch Eintauchen der Capillare in destilliertes Wasser und Abspülen eine Übertragung von Verunreinigungen sorgfältig vermieden werden muß.

3. Einige Anwendungen

Bestimmung des Sauerstoffgehaltes der Lösung. Wählt man als Elektrolytlösung anstatt Na_2SO_3 etwa 0,1 N Na_2SO_4 und fügt zu den erforderlichen 10 ccm dieser Lösung 2 Tropfen 0,5% Gelatinelösung[1], so erhält man die in Abb. 8 gezeichnete Kurve *1*, welche zwei gleichgroße Stufen (bei 0,2 V und 1,0 V) aufweist. Diese entstehen durch die Reduktion des in der Lösung anwesenden Luftsauerstoffes an der tropfenden Quecksilberkathode, und zwar entspricht die erste Stufe der Reduktion des Sauerstoffes zum Wasserstoffperoxyd und die zweite dessen der Reduktion zum Wasser.

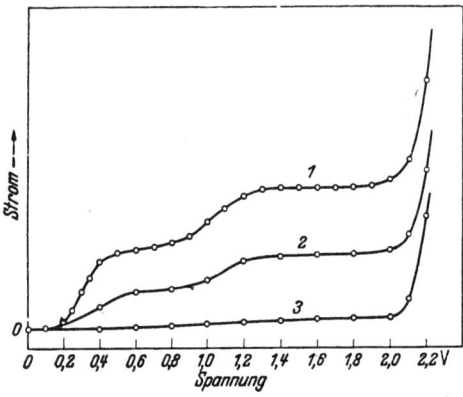

Abb. 8. Sauerstoffbestimmung.
1. 0,1 N Na_2SO_4 mit 0,05% Gelatine; *2.* nach Durchleiten von CO_2 eine Minute lang; *3.* drei Minuten lang

Da die Löslichkeit des Sauerstoffs in Wasser bei Zimmertemperatur 8 mg je Liter beträgt und die Reduktion der Sauerstoffmolekel vier Elektronen verbraucht, entsprechen diese Stufen einer 0,001 N Lösung von O_2. Wenn nun durch diese Lösung Kohlendioxyd etwa 1 Minute lang durchgeleitet und die Stromspannungskurve von neuem aufgenommen wird, erhält man bedeutend niedrigere Stufen (Kurve *2*), da der Sauerstoff aus der Lösung größtenteils entfernt ist (s. S. 17). Nach weiteren 2 bis 3 Minuten Durchleiten von Kohlendioxyd verschwindet die Sauerstoffstufe, da dann in der Lösung praktisch kein Sauerstoff mehr vorhanden ist (Kurve *3*).

Die Höhe der Stufe gibt den Gehalt an Sauerstoff in der Lösung an, und zwar so, daß die Stufe der an der Luft stehenden Lösung 8 mg je Liter entspricht und eine kleinere Stufe einen entsprechend geringeren Gehalt von O_2 anzeigt. Zur Bestimmung der Stufenhöhe braucht nicht die ganze Stromspannungskurve erhalten zu werden, sondern es genügt, die Spannung von 1,2 V anzulegen und den Galvanometerausschlag zu notieren. Auf diese Weise wird Sauerstoff in Wässern und in verschiedenen biologischen Materialien sogar unter physiologischen Bedingungen bestimmt (Abb. 9) [2].

---

[1] Zum Erhalten konstant verlaufender Grenzströme s. w. S. 51, 88.

Bestimmung der Alkalien in Wässern. Ähnlich wird auch die Summe der Alkalien nach V. MAJER [*3*] und nach K. ABRESCH [*4*] erhalten, wie nachstehend kurz angegeben ist. In ein kleines, schmales Becherglas (von etwa 1,5 cm Durchmesser) fügt man 1 ccm des zu untersuchenden Wassers, 1 Tropfen 1 N H_3PO_4, 1 ccm destilliertes Wasser und – als Elektrolytlösung – 1 ccm 0,5 N $N[CH_3]_4OH$ hinzu und bedeckt den Boden mit einer Quecksilberschicht. Dann legt man eine Spannung von 2,2 V an, bei welcher der Diffusionsstrom der Alkaliionen bereits erreicht ist, und notiert den Galvanometerausschlag. Man wiederholt die Bestimmung, indem man anstatt des 1 ccm Wasser dieselbe Menge von destilliertem Wasser anwendet, womit man den Ausschlag der ,,leeren Lösung" (mit Luftsauerstoff und Verunreinigungen der Reagentien) erhält. Der Alkaligehalt des Wassers ist durch die Differenz der beiden Ausschläge ange-

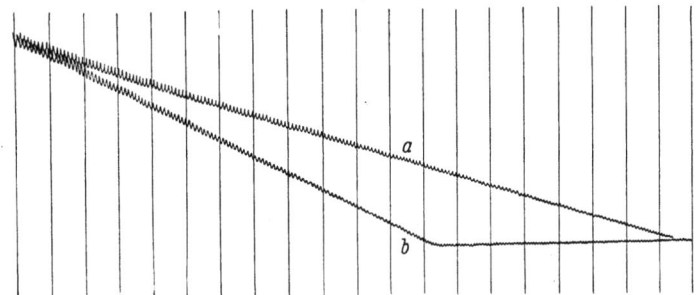

Abb. 9. Verminderung der Sauerstoffkonzentration durch enzymatische Vorgänge. Bei konstanter Spannung von 0,6 V. Hefesuspension im Phosphatpuffer $p_H = 6,8$. Kurve *a* ohne Substrat, Kurve *b* mit 0,5% Glucose. Abszissenabstand 30 sec

geben. Die Konzentration der Alkalien erhält man mittels einer empirischen Eichkurve, wie weiter unten erörtert wird (S. 44). Lösungen, welche mehr als 1 g Alkalisalz je Liter enthalten, müssen entsprechend verdünnt werden, sonst wird die Stufe der Alkaliionen zum Ausmessen mit dem einfachen Mikroamperemeter zu hoch.

II. Anordnung mit dem Spiegelgalvanometer

Für analytische Zwecke wäre die Benutzung eines Zeigergalvanometers nicht genügend empfindlich, und deshalb gebraucht man in der Polarographie ausschließlich das Spiegelgalvanometer. Am besten eignet sich dazu ein Drehspul-Spiegelgalvanometer mit einer Empfindlichkeit von 10^{-9} bis 10^{-8} Ampere je 1 mm Ausschlag in 1 m Entfernung der Skala und einer halben Schwingungsdauer von 4 bis 5 sec. Der innere Widerstand des Galvanometers soll 1000 Ohm nicht überschreiten, und der Widerstand, bei welchem aperiodische Dämpfung erreicht wird, soll mindestens einige hundert Ohm betragen. Der Galvanometerspiegel wird durch eine Lampe *L* bestrahlt, so daß der reflektierte Strahl auf eine horizontale Skala *S* auffällt (Abb. 11).

1. Einstellen der erforderlichen Dämpfung

Die Dämpfung der Bewegung der Galvanometerdrehspule entsteht durch einen in der Spule induzierten Gegenstrom, welcher den ursprünglichen Strom drosselt. Die Wirkung des induzierten Gegenstromes hängt von dem Widerstand des Stromkreises ab und macht sich bei kleinem Widerstand stark geltend, so daß sich beim Einschalten des Stromes der Galvanometerausschlag nur langsam einstellt und die Lichtmarke entlang der Skala „kriecht". Bei großem Widerstand im Stromkreis kann dagegen der induzierte Gegenstrom so schwach werden, daß der Galvanometerausschlag rasch erfolgt und die Drehspule dabei durch den Schwung über die dem Strome entsprechende Lage hinausgeht, dann durch die Torsionskraft des galvanometrischen Fadens wieder zurückgezogen wird und somit um die richtige Lage pendelt. Solche Bewegungen der Galvanometerspule nennt man ungedämpfte, wogegen das „Kriechen" als eine sehr gedämpfte Spulenbewegung aufzufassen ist. Durch Probieren verschiedener Widerstände im Stromkreis kann man denjenigen finden, bei dem die Galvanometerspule weder „kriecht" noch pendelt (Abb. 52). Man bezeichnet einen solchen Ausschlag als „aperiodischen" und den entsprechenden Widerstand als „kritischen". Man ermittelt ihn experimentell, indem man anstatt der elektrolytischen Zelle (Z, Abb. 3 u. 11) einen Widerstand von mindestens 10000 Ohm einsetzt und dem Galvanometer vom Widerstand R_g einen Dekadenwiderstand parallel (R_p) und einen in Serie (R_s) einschaltet (Abb. 10 u. 11). Diese Widerstände sollen Kurbel- oder Stöpselrheostate vom Bereich 1 bis 10000 Ohm sein. Man setzt zunächst den Widerstand R_s gleich Null, legt eine kleine Spannung an und ändert den Widerstand R_p so lange, bis der Galvanometerausschlag aperiodisch erfolgt. Der Widerstand im Stromkreise, d.h. $R_g + R_p$, ist der „kritische" R_k und muß bei allen Messungen konstant gehalten werden, auch wenn der Serienwiderstand benutzt wird, damit immer $R_g + R_s + R_p = R_k$.

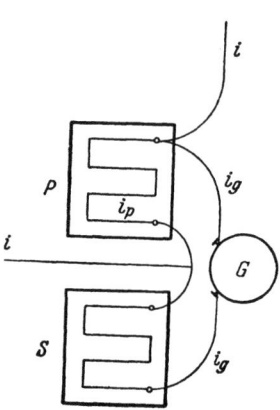

Abb. 10. Schaltung zum Einstellen der Dämpfung und der Empfindlichkeit des Galvanometers

2. Einstellen der Empfindlichkeit

Die Galvanometerempfindlichkeit E wird durch das Verhältnis der Widerstände $R_p : R_k$ geregelt, denn der durch das Galvanometer fließende Strom i_g (Abb. 10) ist ein Teil des zu bestimmenden Stromes i, welcher sich aus dem Bruche

$$E = \frac{i_g}{i} = \frac{i_g}{i_g + i_p} = \frac{R_p}{R_p + R_s + R_g} = \frac{R_p}{R_k}$$

berechnet.

Je kleiner der Widerstand R_p ist, desto kleiner ist der Teil i_g, welcher durch das Galvonometer fließt. Der oben angegebene Bruch drückt deshalb die relative Empfindlichkeit des Galvanometers aus. Da die Dämpfung wegen R_k immer gleich $R_p + R_g + R_s$ sein muß, erhält man die größte anwendbare Empfindlichkeit des Galvanometers wenn $R_s = 0$,

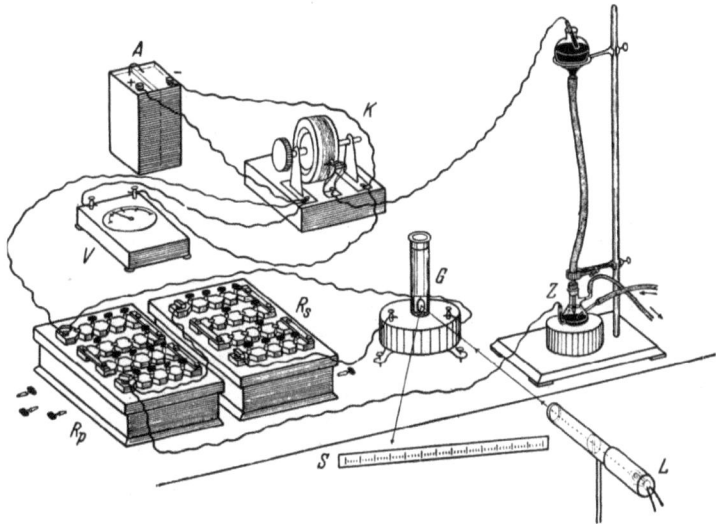

Abb. 11. Anordnung mit dem Spiegelgalvanometer

wobei $E = 1 - \dfrac{R_g}{R_p}$. Um diese Empfindlichkeit in absoluten Einheiten zu bestimmen, belassen wir die statt der Zelle eingesetzten 10 000 Ohm im Galvanometerast wie früher eingeschaltet und legen eine kleine Spannung V an. Die Stromstärke i, welche nun durch den Widerstand von 10 000 Ohm fließt, berechnet sich mittels des Ohmschen Gesetzes zu $i = \dfrac{V}{10\,000}$ und verursacht einen Galvanometerausschlag von a mm; 1 mm Ausschlag entspricht also $\dfrac{V}{10\,000\,a}$ Ampere. Gibt z.B. eine Spannung von 10 mV einen Ausschlag von 200 mm, dann ist die mit dieser Einstellung höchst erreichbare Galvanometerempfindlichkeit $\dfrac{0{,}010}{10\,000 \cdot 200} = 5 \times 10^{-9}$ Ampere je mm. Wird im Nebenschluß für R_p ein Zehntel oder Hundertstel usw. des ursprünglichen Widerstandswertes eingestellt, erhalten wir $1/10$ oder $1/100$ usw. der höchsten Empfindlichkeit.

Die Anordnung mit dem Spiegelgalvanometer ist in Abb. 11 angegeben. Man unterscheidet da die KOHLRAUSCHsche Trommel K, von welcher die Spannung zum Galvanometerast abgezweigt wird. Die Galvanometerausschläge beobachtet man an einer waagerechten Skala S. Das Voltmeter V dient zum Ablesen der EMK des Bleisammlers. Über andere Formen des hier gezeichneten Elektrolysengefäßes wird weiter unten berichtet (S. 12).

Mit dieser Anordnung kann man alle polarographischen Messungen ausführen; dies würde aber zeitraubend sein, da das selbsttätige Gerät, welches weiter unten beschrieben ist, viel schneller und genauer die Stromspannungskurven ergibt. Es gibt jedoch eine Art von genauen Bestimmungen mittels der Tropfelektrode, bei der man die zu untersuchende Lösung titriert und den Endpunkt durch den Galvanometerausschlag ermittelt. Für diese sog. ,,polarometrischen Titrationen" oder Grenzstromtitrationen genügt die bisher beschriebene Apparatur, weswegen weiter unten einige Beispiele angeführt werden (s. S. 29). Zunächst aber sind noch einige Hilfsmittel zu beschreiben und Grundbegriffe zu erörtern.

III. Die Elektrolysengefäße

Die zu untersuchende Lösung wird, je nach der zur Verfügung stehenden Menge und je nachdem, ob die Lösung in Abwesenheit von Luft elektrolysiert werden soll, in Gefäßen von verschiedenen Formen und Größen polarographisch analysiert. Die einfachste Form des Gefäßes ist – wie schon oben (S. 3) angegeben – ein gewöhnliches Becherglas von 1,5 bis 4 cm Durchmesser und 3 bis 20 ccm Inhalt (Abb. 4).

Für Bestimmungen, welche in Abwesenheit von Luft durchgeführt werden müssen, eignen sich Gefäße nach Abb. 12. Das zum Boden füh-

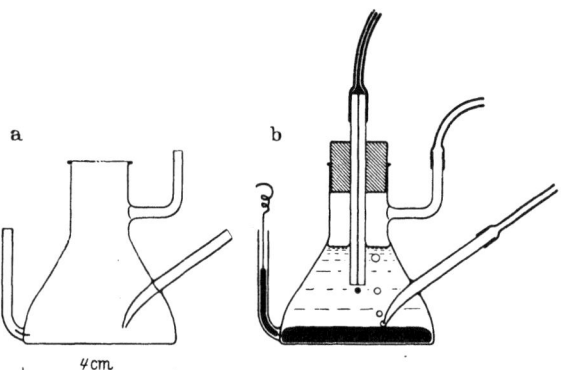

Abb. 12. Elektrolysengefäß für Untersuchungen unter Luftabschluß
a) leer, b) in Gebrauch

rende Röhrchen dient zum Zuleiten eines indifferenten Gases (wie von Stickstoff oder Wasserstoff), welches mittels Durchleitens die Luft aus der Lösung vertreibt (s. S. 17). Je feiner die Spitze des Zuleitungsröhrchens ist, desto schneller wird Sauerstoff durch das indifferente Gas ausgetrieben. Zur Analyse von kleinem Volumen der Lösung ohne Luftzutritt eignet sich das in Abb. 92 gezeichnete Gefäßchen. Die Analyse eines Tropfens der Lösung ist aus Abb. 13 ersichtlich.

Zur Bestimmung der Depolarisationspotentiale (s. S. 18) und auch bei Analysen von Lösungen, die Passivität oder Verunreinigung des Bodenquecksilbers verursachen können, ist die Verwendung einer gesonderten

Bezugselektrode (s. S. 20) zweckmäßig, wie sie das Gefäß von M. KALOUSEK besitzt (Abb. 14). Um ein möglichst positives Anodenpotential zu erreichen, wird die Schicht von Quecksilber am Boden des Nebengefäßes mit etwas Mercurosulfat versetzt und mit einer 1 N Na_2SO_4-Lösung, welche mit Schwefelsäure schwach angesäuert ist, bis zu dem mittleren Hahn mit großer Bohrung gefüllt. Die zu untersuchende Lösung, welche spezifisch leichter als die Na_2SO_4-Lösung sein muß, wird in den oberen Teil des Gerätes eingebracht, in welchen auch die Tropfelektrode taucht. Beim Stromdurchgang soll der große, mittlere Hahn geöffnet sein, da sonst ein großer Widerstand entstünde. Durch den Hahn am Boden des Gefäßes wird das sich ansammelnde Quecksilber von Zeit zu Zeit ausgelassen. Bei der Analyse von Lösungen, die spezifisch dichter sind als die Lösung in der Bezugselektrode muß man das Gefäß von KALOUSEK modifizieren, so daß das Verbindungsrohr zwischen den beiden Elektroden zum Gefäß mit der dichteren Lösung herabsinkt (Abb. 15).

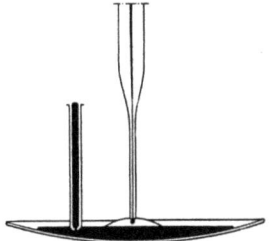

Abb. 13. Analyse in einem Tropfen der Lösung (nach V. MAJER)

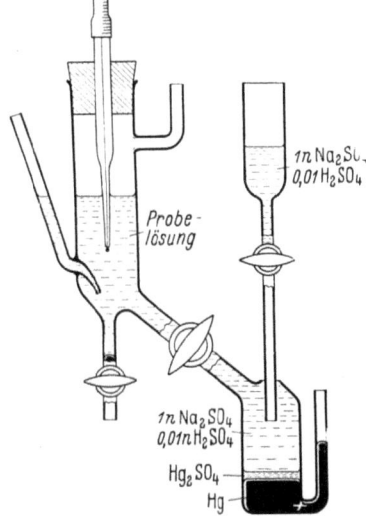

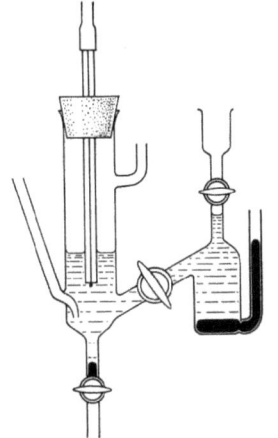

Abb. 14. Elektrolysengefäß mit getrennter Bezugselektrode (nach M. KALOUSEK)

Abb. 15. Zelle nach M. KALOUSEK für Analyse konzentrierter Lösungen

Da die meisten Bestimmungen der Depolarisationspotentiale auf das Potential der Kalomelelektrode bezogen werden, und weil man das Diffusionspotential zwischen der zu untersuchenden Lösung und der Bezugselektrode am besten durch die gesättigte KCl-Lösung eliminiert, ist es vorteilhaft, die getrennte Bezugselektrode mit gesättigter KCl-Lösung zu füllen. Man füllt das Nebengefäß fast bis zur Hälfte mit Quecksilber und gießt durch den überstehenden Hahn die gesättigte KCl-Lösung, welche mit etwas Kalomel geschüttelt wurde, nach, bis die Lösung über die beiden Hähne steigt. Dann schließt man die Hähne und spült die Spuren von KCl aus dem Inneren des Elektrolysengefäßes sorgfältig aus. Beim Entleeren und Auswaschen des Gefäßes ist es vorteilhaft, sich eines kurzen Schlauches mit Gummiballonchen zu bedienen, um die Flüssigkeitsreste oberhalb des Hahnes auszublasen. Wenn sich in diesem Gefäß die zu untersuchende Lösung befindet, darf in der Bohrung des großen Hahnes und in den anliegenden Schenkeln keine Luftblase sein. Die Hähne sollen nur ganz wenig geschmiert werden. Zu praktischen Zwecken sind die Gefäße mit der durch einen Hahn getrennten Bezugselektrode viel besser geeignet als die H-Gefäße mit Diaphragma und Agar-Füllung, denn das Diaphragma kann den Widerstand der Zelle beträchtlich erhöhen, und Spuren von Agar können Maxima beeinflussen. Außerdem läßt sich das KALOUSEK-Gefäß leichter und schneller bedienen als ein H-Gefäße.

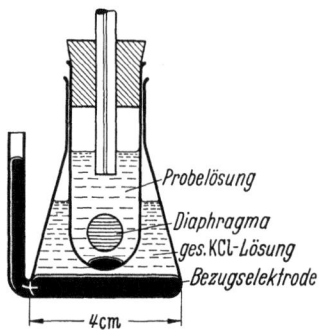

Abb. 16. Einsatzgefäßchen durch ein Diaphragma von der Bezugselektrode getrennt (nach G. MAASSEN)

Man benützt auch andere Bezugselektroden, z. B. einen mit Silberchlorid bedeckten Silberdraht in Chloridlösungen. Die Oberfläche der Silberelektrode muß womöglich groß sein, da bei größeren Stromdichten diese Elektrode zur Polarisation neigt und positivere Potentiale annimmt.

Für Serienanalysen eignet sich das Einsatzgefäßchen von G. MAASSEN, in welchem auch eine gesonderte Bezugselektrode benutzt wird (Abb. 16). Die zu untersuchende Lösung kommt in ein 5 ccm fassendes Reagensglas, welches seitlich ein säure- und alkalifestes Diaphragma trägt. Dieses Diaphragma leistet bei sehr geringer Durchlässigkeit für die Lösung keinen merklichen Widerstand. Das Reagensglas wird als Einsatzgefäß in ein konisches Gefäß gehängt, welches Bodenquecksilber und gesättigte Kaliumchloridlösung enthält. Die Bodenelektrode hält also hier das Potential einer gesättigten Kalomelelektrode aufrecht.

Sehr praktisch ist das von J. V. A. NOVÁK für Serienanalysen angefertigte Universalgefäßchen. Abb. 17a zeigt die zwei Teile desselben und Abb. 17b das Gefäßchen gefüllt und zum Gebrauch befestigt. Der innere Teil *1* besteht aus einem breiteren Rohre (von 1 bis 2 cm Durchmesser), welches ein Seitenröhrchen zum Einbringen des Quecksilberkontaktes (links) trägt. Der äußere Teil *2* ist ein Mantelrohr, in welches das innere Rohr eng, nicht aber luftdicht, einpaßt. An dessen oberem Ende sind zwei Röhrchen angeschmolzen; durch das eine wird eine etwa 2 mm dicke Capillare in einen entsprechend dünnen Gummischlauch eingesteckt, und durch das zweite preßt man mittels eines kurzen Gummiröhrchens ein schmales Zuleitungsröhrchen ein.

Anstatt das Gaszuleitungsröhrchen durch Gummischlauch zu befestigen, kann es auch zu dem Mantel an der Seite zugeschmolzen werden.

Da es aber dann beim Durchleiten des Gases während der Aufnahme aus der Lösung nicht gehoben werden kann, muß auf der Gegenseite des Mantels ein Röhrchen in senkrechter Richtung zugeschmolzen werden, durch welches das Gas über die Oberfläche der Lösung geleitet werden kann [4].

Das Mantelrohr mit der Capillare wird nun durch eine Federklemme (K, Abb. 17 b) in einer unveränderlichen Lage gehalten. 1 ccm des Quecksilbers und 2 bis 3 ccm der zu untersuchenden Lösung werden in das

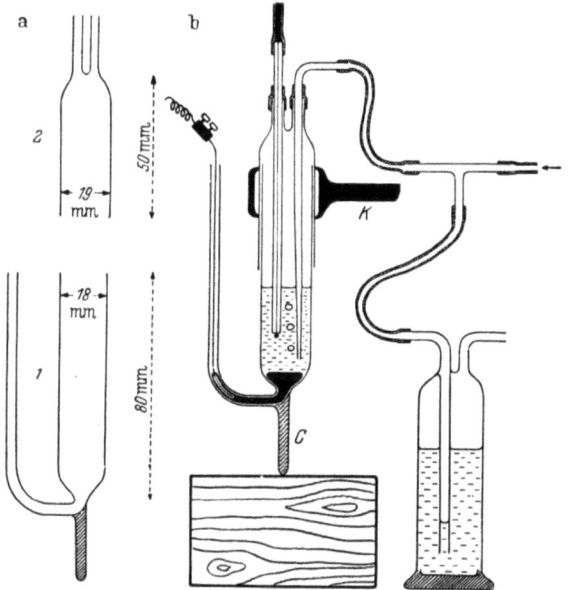

Abb. 17. Universalgefäßchen nach J. V. NOVÁK a) leer, b) in Gebrauch

innere Rohr eingebracht, dieses wird in das Mantelrohr eingesteckt und ruht in dieser Lage auf einem untergestellten höheren Holzblock oder es wird durch eine andere Federklemme befestigt.

Um den Luftsauerstoff aus der Lösung zu entfernen, leitet man das indifferente Gas 1 bis 2 Minuten lang durch das Zuleitungsröhrchen in die Lösung, aus welcher es durch den engen Raum zwischen den beiden Röhren entweicht. Der Kontakt mit dem Bodenquecksilber geschieht durch Einsetzen eines gereinigten Platindrahtes in das Seitenröhrchen. Wenn als indifferentes Gas Wasserstoff benutzt wird, besteht die Gefahr, daß während des Abstellens des Gasdurchgangs Luft in die Lösung zudiffundiert. Um dies zu vermeiden, leitet man auch während des Polarographierens Wasserstoff in das innere Rohr, jedoch mit hochgeschobenem Zuleitungsröhrchen, so daß die Lösung selbst nicht durchströmt wird. Wenn zum Polarographieren keine Durchströmung nötig ist, läßt man das Zuleitungsröhrchen hochgeschoben. Damit der Gasstrom nicht zu stark einsetzt und dadurch die Lösung aus dem inneren Rohr ausspritzt, soll man an die Gasleitung vor dem Eingang in das Gefäß einen Druckregler anschließen, welcher auch als ein Sicherheitsventil dient. Man füllt die auf einer Seite offene Waschflasche so hoch mit Wasser, daß das Gas die Lösung im Gefäß rege durchströmt, nicht aber durch die Waschflasche entweicht. Bei einer plötzlichen Drucksteigerung (z. B. beim Öffnen des Gashahnes) entweicht dann das Gas durch die Waschflasche, ohne einen heftigen Anprall im Gefäß zu verursachen.

Statt oben eingeengt zu sein, kann das Mantelrohr $a2$ oben mit einem Kork- oder Kautschukstöpsel verschlossen sein, in welchem sich eine Öffnung für die Capillare und eine zweite für das Zuleitungsröhrchen des indifferenten Gases befindet. Für Serienanalysen empfiehlt es sich, mehrere der inneren Röhren (z. B. 12 bis 24 Stück) zu benutzen. Diese können beim Vorbereiten und Füllen in einem mit mehreren Löchern versehenen Holzblock mittels des Glasstiftes C (Abb. 17 b) aufgestellt werden.

Die Vorteile des Universalgefäßchens sind: erstens, daß man eine unveränderliche Lage der Capillarmündung erhält. Dadurch erzielt man, wenn der Quecksilberbehälter immer zu demselben Strich am Stativ gehoben wird, eine konstante Höhe der Quecksilbersäule und somit immer dieselben Tropfbedingungen, von denen die Stufenhöhen abhängig sind. Vorteilhaft ist ferner das Entfallen des Platinkontaktes, kleiner Verbrauch an Bodenquecksilber und Lösung und die Möglichkeit der Benutzung eines Temperaturbades. Dabei wird das Gefäß in ein größeres, mit temperiertem Wasser gefülltes Becherglas getaucht.

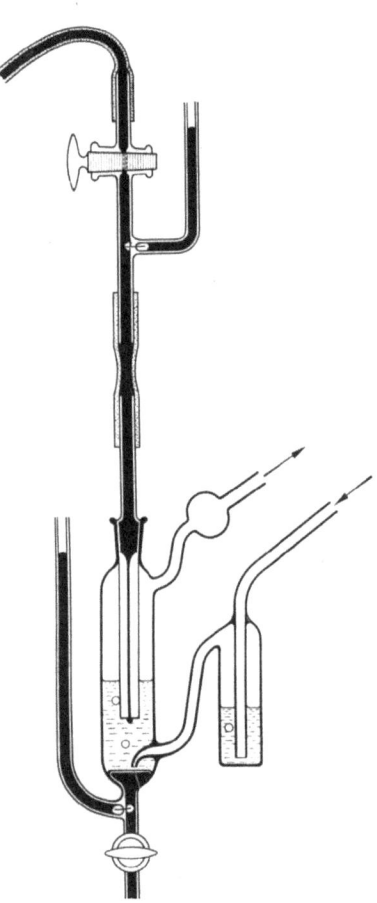

Abb. 18. Elektrolysengefäß für nichtwäßrige Lösungen

Zum Austrocknen können nach Ausspülen die inneren Gefäße mit der Öffnung nach unten auf einen Faden gehängt werden.

Zum Untersuchen von nichtwäßrigen Lösungen (in Alkoholen, Ketonen u. dgl.), welche durch Berührung mit Gummi oder Kork verunreinigt werden, eignet sich das in Abb. 18 gezeichnete Gefäß. Die Capillare ist hier durch einen Schliff befestigt, und das indifferente Gas durchläuft beim Einleiten eine angeschmolzene Waschflasche mit dem Lösungsmittel, damit das Gas mit dessen Dampf gesättigt ist. Der Zuleitungskontakt zur Tropfelektrode ist hier modifiziert, und zwar wird dicht bei der Capillare ein mit Hahn versehenes Röhrchen in den Schlauch eingesteckt, welches unter dem Hahn einen Platinkontakt eingeschmolzen hat. Der Hahn dient zum Einstellen des Tropfens, so daß sich das Senken des Behälters erübrigt.

Die Beschreibung von Gefäßchen für kleine Flüssigkeitsmengen (unter 1 ccm) befindet sich auf S. 83 (Mikrogeräte).

IV. Entfernen des Luftsauerstoffs

Es wurde schon erwähnt, daß bei vielen polarographischen Messungen Luftsauerstoff aus der Lösung entfernt werden muß. Dies ist deswegen nötig, weil er in jeder offen an der Luft stehenden Lösung an der Stromspannungskurve zwei verhältnismäßig große Stufen hervorruft (z.B. Abb. 8), welche die bei kleinen Spannungen entstehenden Stufen verdecken und die Anwendung von größeren Galvanometerempfindlichkeiten verhindern. Außerdem können die kathodischen Produkte der Reduktion von Sauerstoff, d. i. H_2O_2 und OH' die Elektrodenreaktion beeinflussen.

So entstehen z. B. in Gegenwart von Ionen Cd^{++}, Pb^{++}, Bi^{3+}, Al^{3+} usw. mit den OH'-Ionen unlösliche Hydroxyde, wodurch die Konzentrationen der betreffenden Ionen in der Umgebung der Elektrode herabgesetzt werden (Abb. 19).

Das Entfernen des Sauerstoffs wird entweder mittels Durchleitens eines polarographisch indifferenten Gases oder durch Absorption in der Lösung erzielt.

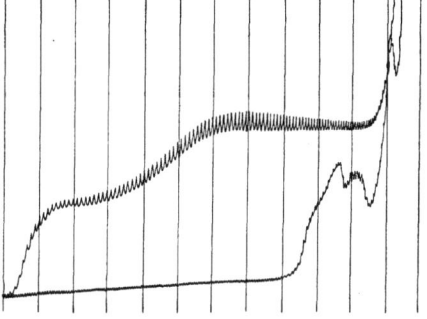

Abb. 19. Polarogramm von 4×10^{-4} m $KAl(SO_4)_2$ in 0,1 N LiCl. Obere Kurve bei Luftzutritt, untere nach Entfernung des Sauerstoffes

Gewöhnlich leitet man reinen Stickstoff (welcher weniger als 2% Sauerstoff enthalten muß) oder Wasserstoff in lebhaftem Strom durch eines der in Abb. 12 bis 18 gezeichneten Gefäßchen. Am besten bedient man sich des Stickstoffes aus Stahlbomben. Für Wasserstoff oder Kohlendioxyd genügt die Erzeugung im Kippgerät. Zu manchen Zwecken müssen die Gase sorgfältig gereinigt werden. Reinen Wasserstoff bereitet man elektrolytisch in einer geeigneten Elektrolysezelle aus verdünnter Schwefelsäure. Nach wenigen Minuten ist der Sauerstoff verdrängt, denn der Partialdruck des Sauerstoffs in der Gasphase über der Lösung wird stark vermindert, und dementsprechend sinkt auch die Löslichkeit des Sauerstoffs in der Lösung. Die Gase sollen, je nach ihrer Reinheit, mindestens durch eine Waschflasche mit destilliertem Wasser geleitet werden. Reinsten sauerstofffreien Stickstoff erhält man nach dessen Durchleiten durch eine Lösung von zweiwertigem Chrom. Neben Stickstoff verwendet man zur Entlüftung von Lösungen, die mehr oder weniger sauer reagieren müssen, auch Kohlendioxyd, das zwar den Nachteil hat, daß es mit einigen gelösten Stoffen reagieren kann, aber den Vorteil besitzt, daß es schwerer als Luft ist und deswegen im offenen Becherglas in die Lösung eingeleitet werden kann. Dazu eignen sich am besten schmale und hohe Reagensgläschen (von etwa 2 cm Breite und 6 bis 8 cm Länge), die nur zur Hälfte mit der Lösung gefüllt werden.

Wo es die Beschaffenheit der Lösung erlaubt, d. h. namentlich in alkalischen Lösungen, kann Luftsauerstoff mittels Natriumsulfits, und zwar durch Zugabe von einigen Kriställchen oder von einigen Tropfen einer frisch bereiteten gesättigten Lösung zu 10 bis 20 ml in offenem Becher absorbiert werden. Die Zugabe soll immer einige Minuten früher stattfinden, als die Lösung mit dem Bodenquecksilber in Berührung kommt, da sich sonst das Quecksilber bei Anwesenheit des Sauerstoffs auflösen würde. In Lösungen, welche organische Verbindungen oder Ammoniak enthalten, bedarf die Reaktion des Sulfits mit dem Sauerstoff einiger Minuten, weswegen man nach Sulfitzugabe mit dem Polarographieren einige Minuten – in konzentrierten NH_3-Lösungen sogar bis 10 Minuten – warten soll. Manchmal verzögern diese Reaktion unbekannte Beimengungen derart stark, daß die Sauerstoffentfernung unvollkommen ist. Anwesenheit von Kupfer dagegen beschleunigt die Entfernung. Es ist daher zweckmäßig, falls Kupfer in der zu untersuchenden Lösung nicht anwesend ist, vorerst einige Tropfen Kupfersalzlösung bis zur Konzentration von etwa 10^{-5} N zuzufügen.

In ammoniakalischen Lösungen reagieren manche starke Reduktionsmittel, wie z. B. Eisen(II)- oder Mangan(II)-Salze, mit Luftsauerstoff schneller als das beigefügte Sulfit. In diesem Falle soll ein mit Sauerstoff schneller reagierendes Reduktionsmittel, wie „Metol", zugegeben werden.

V. Bestimmung der Depolarisationsspannung und der Halbstufenpotentiale

Bisher haben wir beim Erscheinen einer Stufe an der Stromspannungskurve nur die Spannung in Betracht gezogen, bei welcher sich ein Bestandteil der Lösung elektrolytisch zu betätigen anfing. An der tropfenden Kathode wurde dabei der Bestandteil entweder abgeschieden (wie z. B. die Tl^+- oder Na^+-Ionen) oder reduziert (wie z. B. O_2 oder H_2O_2 zu H_2O), an der tropfenden Elektrode als Anode dagegen werden Bestandteile der Lösung oxydiert. Solche Vorgänge wirken alle auf dieselbe Weise, nämlich dadurch, daß sie bei steigender angelegter Spannung Elektronen verbrauchen, den Stromdurchgang dabei verursachen und hierdurch eine Steigerung der Polarisation der Zelle verhindern. Deswegen nennt man solche Substanzen Depolarisatoren und bezeichnet die Spannung, bei welcher sie anfangen depolarisierend zu wirken, als „Depolarisationsspannung". Aus thermodynamischen Gründen definieren wir in der Polarographie die Depolarisationsspannung als diejenige, bei welcher der Strom gerade der Hälfte des Diffusionsstromes entspricht, bei der also die „Halbe Stufe" an der Stromspannungskurve erreicht wird (Abb. 20). Diese Spannung ist in den meisten Fällen von der Konzentration des Bestandteiles und von den Tropfbedingungen unabhängig, vorausgesetzt, daß für Überschuß des indifferenten Elektrolyten gesorgt ist. Die gesamte elektrochemische Reaktion, welche bei der Depolarisationsspannung auf den Elektroden verläuft, besteht aus einem kathodischen und einem anodischen Vorgang. Zum Beispiel in der Lösung, die Tl^+ und SO_3''-Ionen enthält,

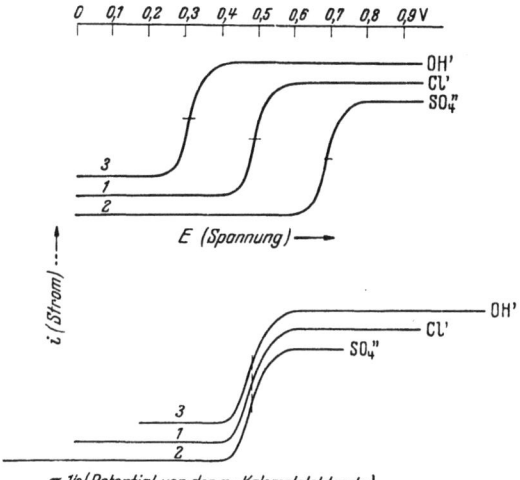

Abb. 20. Stromspannungskurven und Strom-Potential-Kurven

schreitet mit der Abscheidung der Tl^+-Ionen an der Tropfkathode das Auflösen des Quecksilbers in die Sulfitlösung an der Anode fort. Dementsprechend ist die Depolarisationsspannung V gleich der Differenz der elektrolytischen Potentiale der kathodischen Abscheidung und der anodischen Auflösung, d.h.

$V = E_a - E_k$; in unserem Falle
$V = 0{,}42\,V$

Das Potential der großen Quecksilberanode, E_a, ist aber während der Elektrolyse konstant, und sein Wert kann auch im stromlosen Zustande gegen eine Normalelektrode, z.B. gegen die Kalomelelektrode, bestimmt werden. Man findet $E_a = -0{,}07\,V$. Das Potential des Abscheidens von Tl^+-Ionen ist daher – von der 1 N KCl-Kalomelelektrode gemessen – $E_k = -0{,}49\,V$. Diesen Wert kann man als ein Abscheidungs- oder Depolarisationspotential auffassen, und man bezeichnet ihn zweckmäßig als das *Halbstufenpotential* $E_{1/2}$ der Abscheidung von Tl^+-Ionen. Dieser Wert ist nicht nur von der Konzentration der Tl^+-Ionen und den Tropfbedingungen, sondern auch von der Anodenreaktion unabhängig und ist somit eine wichtige Konstante der Tl^+-Ionen. Denselben Wert erhält man auch, wenn zu einer KOH-, KCl- oder K_2SO_4-Lösung etwas Tl-Sulfat zugegeben und die Stromspannungskurve jeder Lösung ermittelt wird. So werden Kurven *1*, *2* und *3* (Abb. 20 oben) erhalten. Die entsprechenden Depolarisationsspannungen sind 0,31, 0,49 und 0,69 V; da aber die Potentiale des Bodenquecksilbers in 1 N KOH, KCl und K_2SO_4 die Werte $-0,18$, 0 und $+0,20$ V von der Normalkalomelelektrode haben, ergibt sich für das Halbstufenpotential der Tl^+-Ionen gemäß der Formel $E_{1/2} = E_a - V$ in KOH $-0,31 - 0,18$, in KCl $-0,49$ und in Na_2SO_4 $-0,69 + 0,20$ V, d.h. ein übereinstimmender Wert von $-0,49$ V. Trägt man also die Kurven *1*, *2* und *3* derart auf, daß der Anfang der Kurve nicht der Spannung Null, sondern dem Potential der Bodenelektrode (gegen die Kalomelelektrode gemessen) entspricht, so erhält man übereinstimmende Stufen. Solche Kurven zeigen nun die Abhängigkeit der Stromstärke vom *Potential* der Tropfelektrode, es sind also Strom-*Potential*-Kurven. Man kann sie experimentell direkt, d.h. ohne Umrechnen, mittels des Anodenpotentials erhalten, wenn ein Gefäß mit gesonderter Bezugselektrode (Abb. 14) angewendet wird. Bei dieser Elektrolyse ist nämlich das Anodenpotential, E_a, von der Zusammensetzung des Elektrolyten der zu untersuchenden Lösung unabhängig, so daß die Spannung V das Potential der Tropfelektrode direkt angibt.

Für praktische Bestimmungen benutzt man oft die einfache Zelle, in welcher sich die beiden Quecksilberelektroden in derselben Lösung befinden; man erhält somit immer nur die Strom-*Spannungs*-Kurve. Man muß sich jedoch darüber klar sein, daß die Depolarisations- bzw. Halbstufen-Potentiale, $E_{1/2}$, welche in Tabellen angegeben werden, durch Umrechnen mit Bezug auf die Potentialdifferenz, E_a, zwischen dem Bodenpotential und der 1 N Kalomelelektrode aus der beobachteten Spannung E, gemäß $E_{1/2} = E_a - V$ abgeleitet sind.

Zum Vergleich der Werte der Halbstufenpotentiale muß man die Potentiale der Bezugselektroden kennen. Gegen die normale Kalomelelektrode ist die gesättigte Kalomelelektrode um 38 mV negativer und die Mercurosulfatelektrode in 1 N sauer reagierendem Sulfat um 0,40 V positiver.

Die Mercurioxydelektrode in N und 0,1 N Lauge ist um 0,140 V und um 0,115 V negativer als die normale Kalomelelektrode.

Die polarographischen Halbstufenpotentiale haben für die chemische Analyse eine analoge Bedeutung wie die optischen Spektrallinien, da sie ebenfalls charakteristische, die Qualität angebende Konstanten sind.

Wenn durch Komplexbildner die freien Ionen in komplexe verwandelt werden, wird deren Halbstufenpotential zu negativeren Potentialen verschoben. Die Verschiebung, welche die freie Energie der Komplexbildung angibt, dient zur Berechnung der Konstante der Komplexität.

Als ein Ergebnis jahrelanger polarographischer Studien sind Tabellen der anorganischen und organischen Halbstufenpotentiale zusammengestellt, wovon einige Werte auch in dieser Schrift tabelliert sind (s. S. 97).

Beim Messen der Halbstufenpotentiale mit hoher Genauigkeit (auf 1 mV) gebraucht man eine dritte Bezugselektrode, mit welcher man im stromlosen Zustande das Potential der polarisierten Elektrode bestimmt.

Man bemerke den Unterschied zwischen der Spannung V, d.h. der angewandten oder an die Zelle angelegten elektromotorischen Kraft, welche ohne Vorzeichen angegeben wird, und einem Potential, E, dessen Wert durch das Vorzeichen + oder − in bezug auf die 1 N Kalomelelektrode zu bezeichnen ist. In dieser Schrift bedeuten Angaben in Volt ohne Vorzeichen immer nur die anglegte Spannung V, und Werte mit Vorzeichen die auf die Kalomelelektrode bezogenen Potentiale, E.

VI. Die Bedeutung des Zusatzelektrolyts (Grundelektrolyts)

Wegen der erforderlichen Leitfähigkeit muß die zu untersuchende Lösung einen Elektrolyten von mindestens 0,1 Normalität enthalten. Andererseits muß man Konzentrationen über 0,5 N vermeiden, sonst entstehen Erhöhungen der Stufen infolge der Maxima II. Art (s. S. 28).

Sollte es an Elektrolyten mangeln, muß man eine entsprechende Menge zusetzen. Dazu eignen sich solche Elektrolyte, welche einer möglichst großen Depolarisationsspannung bedürfen und somit die Depolarisation der Bestandteile der Lösung nicht stören. Deshalb benannte man sie auch „indifferente" Elektrolyte. Die Art des Grundelektrolyten richtet sich nach dem zu bestimmenden Stoff. Falls ein saures Milieu zur Unterdrückung der Hydrolyse nötig ist, benutzt man eine starke Säure. Hier beginnt die Wasserstoffentwicklung bei etwa −1,3 V, und man kann keine Stufen von negativeren Potentialen erhalten. In neutralen Lösungen scheidet sich Wasserstoff erst bei negativeren Potentialen als −2,5 V ab. In solchen Lösungen ist die Stromspannungskurve durch die Ausscheidung des Kations des Grundelektrolyten beschränkt. Die gewöhnlichsten Grundelektrolyte sind Chloride, Acetate, Perchlorate, Sulfate, Hydroxyde der Alkalien, wobei Lithium das negativste Abscheidungspotential aufweist. Falls man extrem negative Potentiale erreichen soll, benutzt man Salze der quartären Amine, wie von Tetramethyl- oder Tetraäthylammonium oder deren Hydroxyde.

Für Untersuchungen organischer Verbindungen gebraucht man Pufferlösungen in etwa 0,1 N Konzentration, z. B. Lösungen von Britton-Robinson, Acetate, Phosphate, Borate usw., welche zugleich die Rolle des Grundelektrolyten übernehmen.

Infolge Erhöhung der Leitfähigkeit vermindert die Anwesenheit des Elektrolyten auch den Potentialabfall $i \times R$ in der Lösung, durch den sonst ein Teil der angelegten Spannung, gemäß der Beziehung $V = E_a − E_k + i \cdot R$, verlorenginge ($R$ bedeutet den Widerstand der Zelle). Falls die Konzentration des Grundelektrolyten klein ist, wird der Widerstand der Zelle, R, erheblich groß und es entsteht

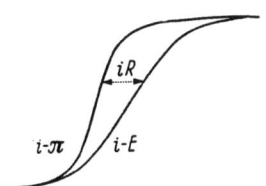

Abb. 21. Einfluß des Widerstandes auf die Stromspannungskurve. Die Strompotentialkurve erhält man nach der Korrektion auf das Produkt $i \times R$

ein Potentialabfall, $i \times R$, zwischen den Elektroden; infolgedessen muß von der am Potentiometer abgezweigten EMK der Wert von $i \times R$ abgezogen werden um das Potential der tropfenden Elektrode aus der Stromspannungskurve zu bestimmen, da sich mit wachsendem Widerstand die Kurven zu negativeren Potentialen ausstrecken (Abb. 21).

Durch die Anwesenheit des Zusatzelektrolyten wird auch die (Abb. 21) Ausbildung eines wahren Diffusionsstromes bedingt, also einer definierten Stufenhöhe; denn bei Ermangelung des fremden Elektrolyten würden die depolarisierend wirkenden Ionen unter dem Einfluß des Potentialabfalles $i \times R$ nicht nur durch Diffusion, sondern auch durch Wanderung im elektrischen Felde der Elektrode zugeführt. Dadurch, daß der Zusatzelektrolyt das elektrische Feld in der Umgebung der Tropfelektrode abschwächt, unterdrückt er die durch Inhomogenität des Feldes entstehenden eigenartigen Strömungen in der Lösung, welche Maxima an den Stromspannungskurven verursachen. Die Stufen werden dadurch oben abgeflacht, so daß sie horizontal ohne Maxima verlaufen (Abb. 22). Über Unterdrückung polarographischer Maxima s. S. 51, 88.

Abb. 22. Das Luftsauerstoffmaximum in einer 0,001 N KCl-Lösung wird durch Zugaben des konzentrierten Grundelektrolyten unterdrückt. Die letzte Kurve rechts wurde in 0,1 N KCl-Lösung aufgenommen

Schließlich fügt man der zu untersuchenden Lösung einen Fremdelektrolyten oft auch deswegen zu, damit man Ionen in Komplexe verwandelt, welche charakteristische Stufen an den Kurven geben, die von

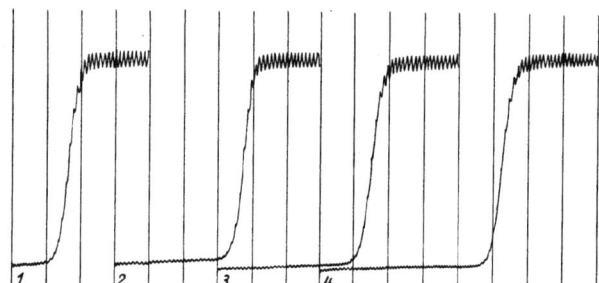

Abb. 23. Die Stufe von Blei wird mittels der Erhöhung der OH'-Ionenkonzentration zu negativeren Potentialen verschoben. Die Lösung von 5×10^{-4} Pb^{++} in *1.* 1 m KNO$_3$, *2.* 1.2×10^{-2} m NaOH, 3,1 m KNO$_3$, *3.* 0,1 m NaOH, 0,9 m KNO$_3$, *4.* 1 m NaOH; gegen die gesättigte Kalomelelektrode. Abzsissenabstand 100 mV

den Depolarisationspotentialen der freien Ionen verschieden sind. Je größer die Konzentration des komplexbildenden Grundelektrolyten ist, desto größer ist die Verschiebung der Stufe, und zwar entsprechend der

Affinität des Ions zum Komplex (Abb. 23). So bilden z. B. Zn²⁺- und Cu²⁺-Ionen bessere Stufen in einer ammoniakalischen NH₄Cl-Lösung als in saurer oder neutraler Lösung (s. Abb. 76) und organische Stoffe geben eindeutige und steile Stufen nur in Pufferlösungen. Durch einen geeigneten Zusatzelektrolyt werden auch sonst sich deckende Stufen zu verschiedenen Potentialen verschoben, wie z. B. bei Tl⁺- und Pb²⁺-Ionen, deren Stufen sich in neutralen und sauren Lösungen bei $-0{,}49$ V überdecken, in 1 N Lauge dagegen voneinander getrennt sind (bei -049, und $-0{,}81$ V), s. S. 75.

In der praktischen Polarographie sollen oft Depolarisatoren, die in Wasser unlöslich sind, bestimmt werden (s. S. 82). Dazu muß man geeignete nichtwäßrige Lösungsmittel anwenden, mit genügend großer

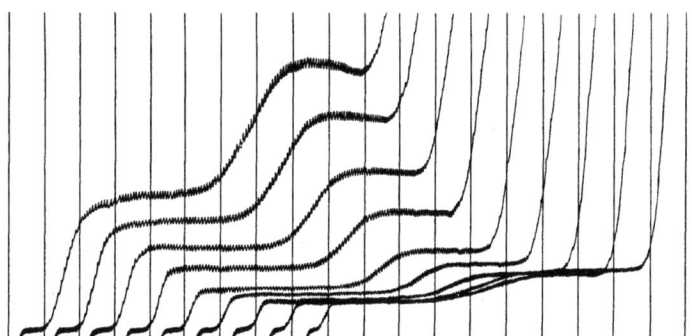

Abb. 24. Steigende Sauerstofflöslichkeit in einer äthanolhaltigen 0,1 m KOH-Lösung. Die Äthanolkonzentration steigt von 0 (erste Kurve rechts) bis 96%

Leitfähigkeit. Dioxan, Benzol und sonstige unpolare Flüssigkeiten müssen mit Wasser, Alkoholen, Essigsäure, Chloroform u. dgl. gemischt werden. Als Grundelektrolyte werden dabei gut lösliche Salze, wie z. B. von Lithium, quartären Aminen oder des Ammoniums benutzt, damit ein Widerstand und somit ein Spannungsabfall ($i \times R$) in der Lösung vermieden wird. Bei solchen Gemischen von Flüssigkeiten muß man besonders auf deren Reinheit achten, und immer sorgfältig durch Destillation bzw. Umkristallisieren reinigen und sich durch Aufnahme der Kurven des reinen Elektrolyten von der Abwesenheit aktiver Verunreinigungen überzeugen. Der Sauerstoff ist gewöhnlich in organischen Lösungsmitteln viel löslicher als in wäßrigen Lösungen (in Methanol etwa zehnmal) (Abb. 24), weswegen man ihn viel länger durch ein inertes Gas austreiben muß. Um bei der Gasdurchführung die Verdampfung des Lösungsmittels zu verhüten, führt man das inerte Gas vorerst durch das reine Lösungsmittel und das somit gesättigte Gas durch die zu untersuchende Lösung (Abb. 18).

Man benutzt entweder die oben erwähnten Gemische der organischen Flüssigkeiten mit Wasser, oder reine Lösungsmittel allein, wie Eisessig, konzentrierte Schwefelsäure, Acetonitril und sonstige polare Körper. Bei $-36\ °C$ wird im flüssigen Ammmoniak polarographiert, über 100 °C bis zum Siedepunkt des Quecksilbers (356 °C) in Salzschmelzen. Zur Durchführung solcher polarographischer Untersuchungen sind spezielle Apparaturen notwendig. Die Ergebnisse zeigen, daß dieselbe Proportionalität zwischen den Grenzströmen und der Konzentration der Depolarisatoren herrscht, wie es in wäßrigen Lösungen der Fall ist, nämlich strenge Gültigkeit des ILKOVIČschen Gesetzes [s. S. 26].

VII. Polarographische Ströme

Je nach der Richtung des Stromes ist die tropfende Elektrode Kathode oder Anode. Sie ist Kathode, wenn der positive Strom von der Lösung in die Elektrode fließt (die Kationen zur Elektrode und die Anionen von der Elektrode in die Lösung wandern). Dabei verläuft an der Elektrode eine Reduktion. Die tropfende Elektrode ist Anode, wenn der Strom in der Gegenrichtung zum kathodischen fließt, d.i. wenn der positive Strom aus der Elektrode austritt und in die Lösung fließt, wobei die Kationen von der Elektrode und die Anionen zur Elektrode wandern; dabei spielt sich an der polarisierbaren Elektrode als Anode eine Oxydation ab.

Den kathodischen Strom registriert man polarographisch über der Nullinie des Galvanometers, wobei die Spannung von links nach rechts ansteigt. Die Reduktionsvorgänge sind länger und eingehender untersucht worden, da die meisten Depolarisatoren sich in der Lösung durch die Wirkung des Luftsauerstoffes in oxydiertem Zustande befinden. In diesen Fällen gehen die Elektronen aus der polarisierbaren Elektrode an die Depolarisatoren über. Seltener sind die Oxydationen der Depolarisatoren, die im reduzierten Zustande aufbewahrt werden müssen, z.B. die Lösungen der Ascorbinsäure (s. S. 61). Ob bei einem bestimmten Potential der Elektrode Oxydation oder Reduktion des gelösten Stoffes eintritt, entscheidet seine Art und sein Oxydationszustand. Bei fortschreitender Reduktion eines Depolarisators durch chemische Mittel findet man, daß seine kathodische Stufe zum Nullstrom herabsinkt und in eine anodische Stufe übergeht. Falls die Halbstufenpotentiale der Reduktions- und Oxydationsstufe übereinstimmen, bildet sich eine einheitliche anodisch-kathodische Stufe (Abb. 25), was die Reversibilität des Elektrodenvorganges charakterisiert. Wenn jedoch die beiden Halbstufenpotentiale verschieden sind, oder wenn sogar eine Stufe nicht entsteht, ist das ein Zeichen der Irreversibilität.

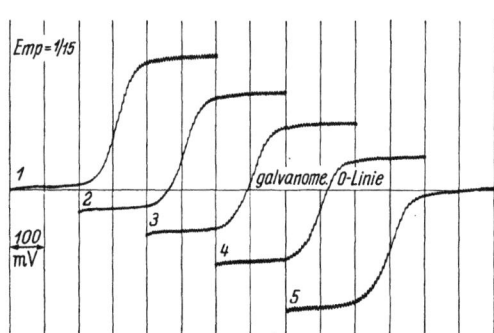

Abb. 25. Kurven von 3×10^{-4} m Lactoflavin allmählich reduziert. Kurve *1* entspricht der vollkommen oxydierten, Kurve *5* der vollkommen reduzierten Form

Nähere Untersuchungen des Wesens der polarographischen Stufen führten zur Unterscheidung von mehreren Stromarten je nach ihrem Verhalten bei der Änderung verschiedener Bedingungen. Die entscheidendste ist die Abhängigkeit der Stufenhöhe von der Temperatur und der Höhe der Quecksilbersäule h (Abb. 26).

1. Der Ladungsstrom (auch Kapazitäts- oder nichtfaradayscher Strom genannt), der zum Aufladen des Kondensators, welcher an der Elektrode durch die HELMHOLTZsche Doppelschicht gebildet ist, dient. Er ist mit keiner Übertragung der Materie zwischen der Elektrode und Lösung, d. i. Ausscheidung, Reduktion oder Oxydation, verknüpft, weshalb er eben nichtfaradayscher Strom heißt. Er ist gering, beträgt etwa 10^{-7} Ampere beim Aufladen zum 1 Volt (Abb. 27); sein Wert ist durch die Formel $i_c = C \cdot E \cdot 0{,}85 m^{2/3} t^{-1/3}$, gegeben, wo C die spezifische Kapazität (je 1 cm²), E das vom elektrocapillaren Nullpunkt gemessene Potential, m die Durchströmungsgeschwindigkeit des Quecksilbers durch die Capillare (Ausströmungsgeschwindigkeit) und t die Tropfzeit bedeutet. Aus dieser Formel folgt, daß der Ladungsstrom der Höhe (h) der Quecksilbersäule über der Capillarenmündung direkt proportional ist ($i_c = k\, h^1$).

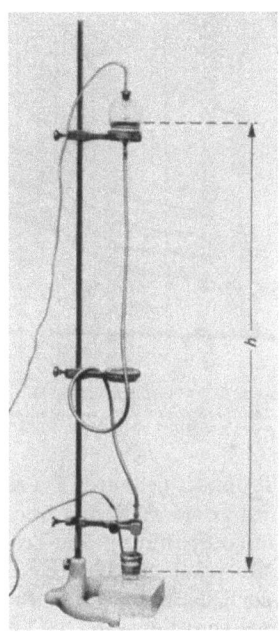

Abb. 26. Die Höhe der Quecksilbersäule

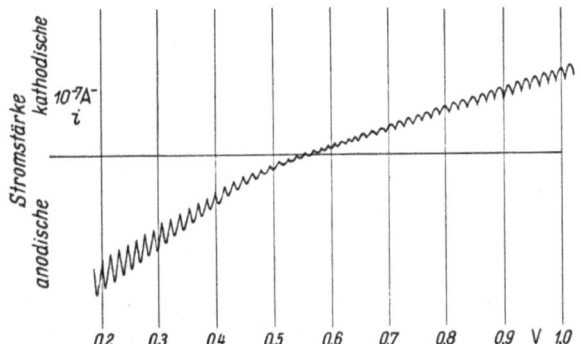

Abb. 27. Der Ladungsstrom in 0,1 N KCl, vollständig von Luft befreit, mit der höchsten Galvanometerempfindlichkeit aufgenommen. Er wird gleich Null beim Potential des elektrokapillaren Nullpunktes

2. Der Diffusionsstrom, welcher in der Polarographie am häufigsten zum Vorschein kommt, und der durch die Diffusionsgeschwindigkeit der Teilchen des Depolarisators zur Elektrodenoberfläche begrenzt ist. Damit ein wahrer Diffusionsstrom entsteht, darf keine Wanderung geladener

Teilchen im elektrischen Felde stattfinden; man muß deswegen das Feld durch einen indifferenten Elektrolyten herabsetzen, was in einer 0,1 N Lösung eines geeigneten Salzes bzw. starker Säure oder Base oder Pufferlösung vollständig erreicht wird. Die neutralen Molekeln (wie O_2, H_2O_2 und jene der organischen Körper) bewegen sich nur durch Diffusion; hier braucht man deshalb nicht für einen Überschuß von indifferentem Elektrolyten zu sorgen.

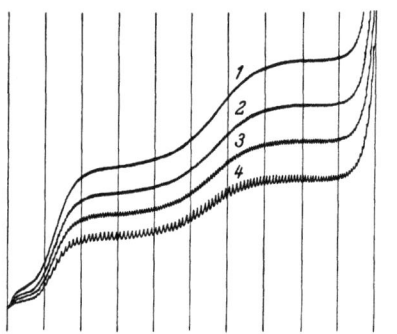

Abb. 28. Abhängigkeit des Diffusionsstromes des Sauerstoffes von der Quecksilbersäule. Die Höhe des Behälters ist *1.* 81, *2.* 64, *3.* 49 und *4.* 36 cm

Die Gleichung des Diffusionsstromes ist nach D. ILKOVIČ $i_d = 0{,}627\, n\, F\, c\, D^{1/2}\, m^{2/3}\, t^{1/6}$, wo n die von einem Teilchen des Depolarisators verbrauchte Anzahl der Elektronen ist, F ein Faraday $= 96{,}500$ Coulomb, c die Konzentration des Depolarisators in Mol je ml, D der Diffusionskoeffizient, m die Durchströmungsgeschwindigkeit des Quecksilbers und t die Tropfzeit bedeutet. Da m der Höhe des Quecksilberbehälters über die Mündung der Capillare proportional ist und das Produkt mt bei konstant gehaltener Spannung dem Tropfgewicht gleicht und von der Höhe der Quecksilbersäule unabhängig ist, hängt der Diffusionsstrom i_d von der Wurzel der Quecksilbersäule ab, $i_d = k\, h^{1/2}$ (Abb. 28). Der Temperaturkoeffizient des Diffusionsstromes $1/i \cdot di/dt$ beträgt etwa 1,6% je 1 °C, weswegen die Temperatur im Thermostaten auf 0,5 °C konstant gehalten werden soll.

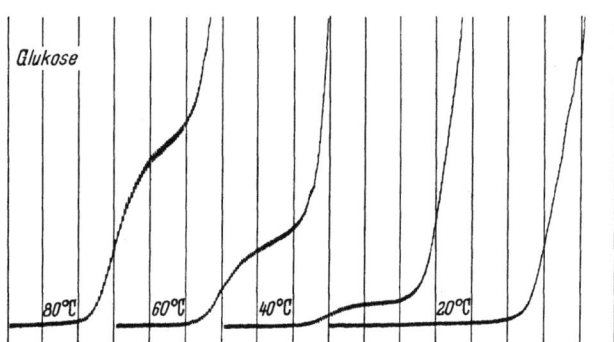

Abb. 29. Die Temperaturabhängigkeit der Stufe einer 0,1 m Glucose in 0,02 N LiCl. Empfind. $^1/_{50}$

3. Der kinetische Strom, welcher durch die Geschwindigkeit der Bildung des Depolarisators gegeben ist, z.B. beim Formaldehyd (s. S. 57), wo nur die wasserfreie Form H_2CO reduzierbar ist, nicht aber das Methylenglykol, $H_2C(OH)_2$, das in der Lösung überwiegt. Dieses muß vorher entwässert werden, damit die entstandene Molekel wasserfreien Aldehyds reduziert werden kann. Der kinetische Strom ist folglich durch

die Gleichung $i_k = nF \cdot dx/dt = nFk \cdot q\mu c$ gegeben, wo k die Geschwindigkeitskonstante der Entwässerung angibt, q die Oberfläche des Tropfens und μ die Dicke der Reaktionsschicht bedeutet. Da $q = 0{,}85\ m^{2/3}\ t^{2/3}$, ist der kinetische Strom von der Höhe der Quecksilbersäule unabhängig, $i_k = K\ h^0$ (Abb. 30).

Da die Reaktionsgeschwindigkeit mit der Temperatur sehr stark ansteigt, zeichnen sich die kinetischen Ströme durch hohe Temperaturkoeffizienten aus. Die Ströme wachsen ungefähr um 10% je Grad (Abb. 29). Beim Polarographieren muß dabei die Temperatur mittels eines Thermostaten binnen 0,1 °C sorgfältig konstant gehalten werden.

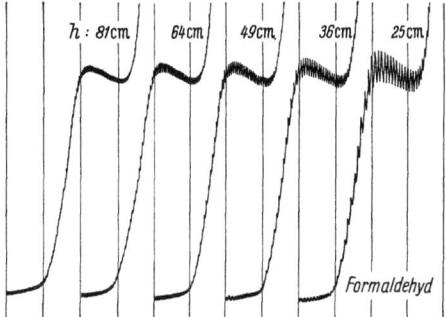
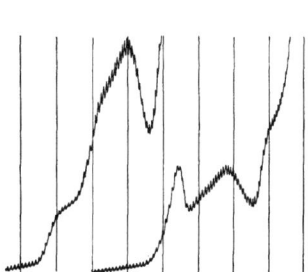

Abb. 30. Die Unabhängigkeit der kinetischen Formaldehydstufe von der Quecksilbersäule. Die Lösung enthält 10^{-3} m Formaldehyd in 0,1 m LiOH. Empfind. $^1/_{20}$

Abb. 31. Kurven der katalytischen Wasserstoffabscheidung aus ammoniakalischen Blutserumlösungen in Anwesenheit von Cobaltionen

4. **Katalytische Ströme.** Diese sind kinetische Ströme, bei denen der Elektrodenvorgang durch eine katalysierte chemische Reaktion bedingt ist, meistenteils durch die Geschwindigkeit einer katalysierten Wasserstoffabscheidung. Die Stromspannungskurven haben meistens maximaartige Wellen (Abb. 31), sind temperaturempfindlich und wachsen bei

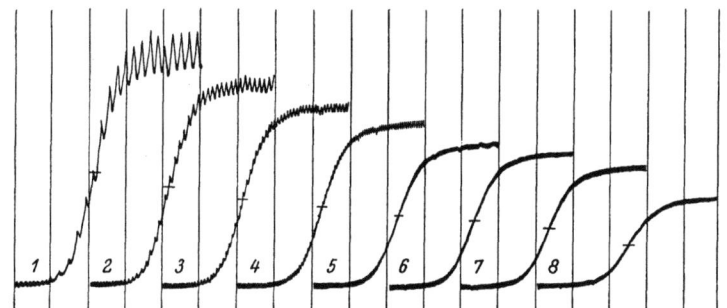

Abb. 32. Abhängigkeit einer autokatalytischen Stufe von der Quecksilbersäule. Die Lösung enthält 4×10^{-3} m Br_2 in 92% Schwefelsäure. Die Höhe des Behälters wächst von *1.* bis *8.*

Zunehmen der Konzentration des katalytisch wirkenden Depolarisators zu einem Grenzwert an. Von der Höhe der Quecksilbersäule sind sie meistens unabhängig oder wachsen beim Sinken des Behälters (Abb. 32). Die

Stufen der katalytischen Ströme sind viel größer, als man von der Zugabe des Stoffes gemäß der ILKOVIČschen Gleichung erwarten würde. Sie eignen sich gut zu analytischen Zwecken, eben durch ihre Empfindlichkeit gegen geringe Spuren des katalytisch wirkenden Stoffes, da sie 500 bis 700mal höhere Stufen hervorrufen als die gewöhnlichen Depolarisatoren.

5. Adsorptionsströme kommen weniger häufig vor und wurden bisher nur bei organischen Depolarisatoren beobachtet. Sie erscheinen in der Form einer geringen Vorstufe oder Nachstufe von der Größe eines Ladungsstromes, der mit Vergrößerung der Konzentration bald zu einem Grenzstrom anwächst und von der Höhe des Quecksilberbehälters linear abhängt. Die Adsorptionsströme werden durch die Adsorption der Molekeln des Depolarisators an der tropfenden Quecksilberelektrode erklärt, durch welche die Aktivität der Molekeln geändert wird.

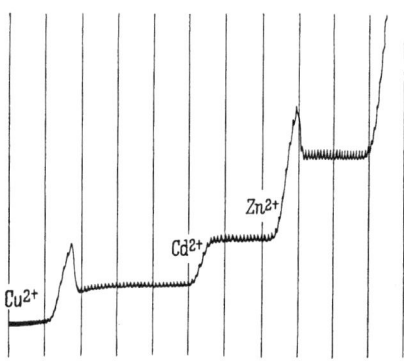

Abb. 33. Kurve mit einem „positiven" Maximum der Cu^{++}-Ionen, einem „negativen" der Zn^{++}-Ionen. Auf der Stufe der Cd^{++}-Ionen erscheint kein Maximum, da die Abscheidung beim Potential des elektrokapillaren Nullpunktes stattfindet

6. Migrationsströme, die immer die Diffusionsströme der Ionen begleiten. Sie entstehen durch die Wanderung der geladenen Teilchen im elektrischen Felde und können durch Vergrößerung der Konzentration des indifferenten Elektrolyten beliebig unterdrückt werden. Sie sind den Diffusionsströmen linear proportional.

7. Maxima sind eine Art der Vergrößerung der Diffusionsströme, welche durch ein spontanes Wirbeln des Elektrolyten um den Trop-

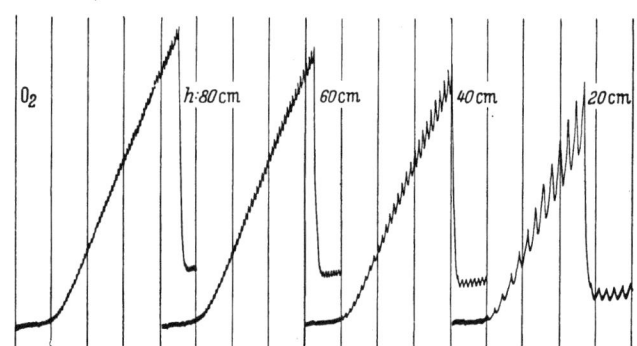

Abb. 34. Sauerstoffmaximum in 0,001 N KCl bei verschiedenen Höhen der Quecksilbersäule

fen entstehen. Es gibt zweierlei Arten der Maxima: I. diejenigen, die bei langsamer sowie bei schneller Durchströmung des Quecksilbers entstehen und auch in sehr verdünnten Elektrolyten hohe spitzige Formen mit diskontinuierlichem Abfall annehmen. Sie werden Maxima I. Art genannt (Abb. 33). Von der Höhe des Behälters sind sie nur wenig abhängig (Abb. 34). Man kann sie durch einen Überschuß von Elektrolyten oder durch kleine Mengen adsorptiver Stoffe wie Farbstoffen, Gelatine oder Kolloiden unterdrücken.

Dagegen gibt es Maxima, die nur bei größeren Konzentrationen von Elektrolyten (über 0,5 N) entstehen, immer abgerundet und nie spitzig sind, stark vom Quecksilberdruck abhängen und bei langsamem Tropfen

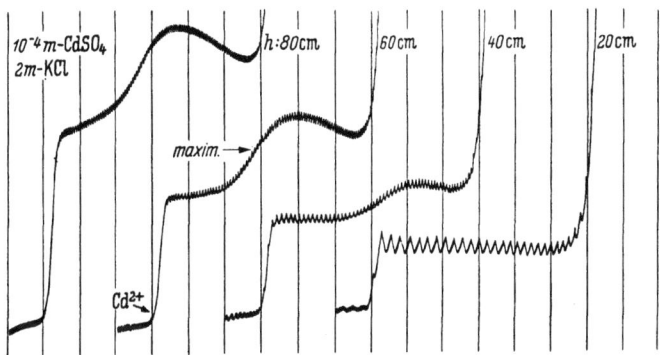

Abb. 35. Das Maximum II. Art in der Abhängigkeit von der Quecksilbersäule. Lösung 10^{-4} m CdSO$_4$ in 2 m KCl von Luftsauerstoff befreit

(niedriger Quecksilberbehälter) unterdrückt werden (Abb. 35). Auch adsorbierbare und kolloide Stoffe bewirken die Unterdrückung der Maxima II. Art.

8. Der sog. Reststrom entsteht durch eine Superposition des Ladungsstroms über den elektrolytischen Strom der Reste der Depolarisatoren, welche noch als Verunreinigungen in den reinen Lösungen des indifferenten Elektrolyten anwesend bleiben, wie Spuren von Sauerstoff, von Kupfer- und Quecksilbersalzen, und sonstiger edlerer Metalle. Man bestimmt diesen Strom des Grundelektrolyten allein und zieht seinen Wert vom Strome des zu bestimmenden Depolarisators ab.

VIII. Durchführung der polarometrischen Titrationen (Grenzstromtitrationen)[1]

Bei diesen dient der Galvanometerausschlag bloß zur Ermittlung des Endpunktes einer volumetrischen Titration, bei welcher einer der reagierenden Bestandteile depolarisierend wirkt. Man bestimmt den Ausschlag bei einer konstanten Spannung, bei welcher der Grenzstrom des Depolari-

---

[1] Diese wurden von J. HEYROVSKY im Jahre 1927 [Bull. Soc. Chim. France 41, 1224 (1927)] eingeführt und als „polarographische" Titrationen bezeichnet. Später wurden diese Titrationen von V. MAYER [Z. f. Electrochemie 42, 126 (1936)] theoretisch erörtert und „polarometrische" benannt. Jedoch seit dem Jahre 1939 [I. M. KOLTHOFF u. Y. D. PAN, J. Amer. Chem. Soc. 61, 3402 (1939)] setzt KOLTHOFF den Namen „amperometrische" Titrationen durch. Am geeignetsten werden sie nach B. BREYER „Grenzstromtitrationen" genannt, wobei der Autor übereinstimmt.

sators erreicht ist. Deswegen genügt bei den polarometrischen Titrationen die einfachste, oben angegebene polarographische Einrichtung mit einem potentiometrischen Meßdraht oder einer Kohlrauschtrommel und einem weniger empfindlichen Galvanometer von einer Empfindlichkeit 10^{-7} Ampere je Teilstrich oder ein Mikroamperemeter.

Da eine Reihe von Depolarisatoren erst bei ziemlich positiven Potentialen Stufen bilden, ist es zweckmäßig, für diese eine rotierende Platinelektrode zu benutzen.

Die gewöhnliche Einrichtung ist in Abb. 36 gezeichnet. Bei manchen Bestimmungen, wie z. B. von Chromaten, genügt das Potential der Quecksilberelektrode, um den Reduktionsstrom zu erreichen, und da keine äußere EMK nötig ist, erübrigt sich der Akkumulator.

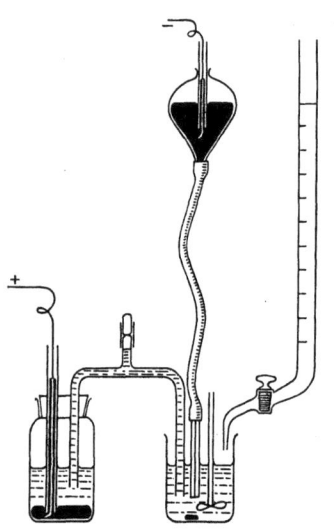

Abb. 36. Anordnung für Grenzstromtitrationen mit gesonderter Bezugselektrode unter Luftzutritt

Als Beispiel der polarometrischen Titration sei hier die von K. ABRESCH und A. NEUBERGER [5] eingeführte Bestimmung von Pb^{2+}- bzw. CrO_4''-Ionen gegeben. Es werden 10 ccm der zu bestimmenden Bleilösung, welche 0,1 bis 0,001 molar sein kann, mit Überchlorsäure zu weniger als 0,1 m angesäuert, in einen Bodenquecksilber enthaltenden Becher eingebracht, einige Tropfen einer 0,5%igen Gelatinelösung zugefügt, die Tropfelektrode in die Lösung getaucht, der Bodenkontakt und ein Zuleitungsrohr zum Durchleiten von Kohlendioxyd eingeführt. Die Lösung wird 2 Minuten lang mit CO_2 durchströmt, und dann wird ihr aus einer Bürette eine Kaliumchromatlösung von bekannter Konzentration (etwa 0,1 N) zugefügt. Nach jeder Zugabe wird CO_2 $^1/_2$ Minute lang durchgeleitet, und nach $^1/_2$ Minute Abwarten wird der Galvanometerausschlag bei Spannung 1,0 V gemessen. Dabei wird zunächst eine geringe Empfindlichkeit eingestellt, die dann entsprechend gesteigert wird, damit der Ausschlag bis etwa zum Ende der Skala reicht. Solange in der Lösung ein Überschuß von Pb^{2+}-Ionen anwesend ist, zeigt der Ausschlag den Diffusionsstrom des Bleis; beim Überschuß des Fällungsmittels dagegen entsteht bei dieser Spannung die Chromatstufe, denn CrO_4''-Ionen werden an der Tropfkathode zu Cr^{3+}-Ionen reduziert. Beim Endpunkt der Titration sind in der Lösung praktisch weder Pb^{2+} noch CrO_4''-Ionen anwesend. Er ist also durch ein Minimum des Galvanometerausschlages bei 1,0 V gekennzeichnet. Eine graphische Darstellung, in der auf der Abszisse die zugegebenen Kubikzentimeter der Chromatlösung und auf der Ordinate der entsprechende Galvanometerausschlag aufgetragen sind, zeigt Abb. 37a. Das Minimum gibt den Endpunkt an. Es genügt, zwei Galvanometerausschläge vor und zwei nach dem Endpunkte – und zwar ziemlich von diesem entfernt – zu bestimmen, um ihn durch den Schnittpunkt beider Geraden genau zu finden. Die Ausschläge sind aber mit Rücksicht auf die fortschreitende Verdünnung der zu titrierenden Lösung zu korrigieren, indem man $i_{korr} = i_{beob}\,(V+v)/V$ im Diagramm aufträgt; hier bedeutet V das Anfangsvolumen der Lösung im Becher und v das zugegebene Volumen. Nach I. M. KOLTHOFF und Y. D. PAN [6] kann man bei dieser Bestimmung auch den Ausschlag bei Nullspannung (also beim Kurzschluß der Elektroden) messen, denn beim geringsten Überschuß von Chromat in der Lösung verursacht dieser einen Ausschlag, da die CrO_4''-Ionen bereits bei Spannung 0 reduziert werden und dadurch einen Diffusionsstrom verursachen. Das Diagramm hat dann die in Abb. 37b gegebene Form. Dabei muß als Anode eine gesättigte KCl-Kalomelelektrode dienen, welche mittels eines mit Agar und gesättigter KCl-Lösung gefüllten Hebers mit der zu titrierenden Lösung verbunden ist.

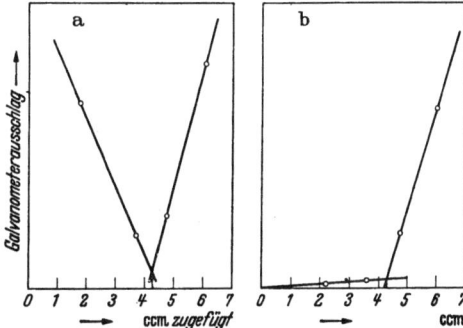

Abb. 37. Titrationsdiagramm der Bestimmung von Pb^{2+}-Ionen mittels CrO_4''-Ionen a) bei Spannung 1,0 V, b) bei Spannung Null

Die polarometrische Titrationsmethode ist genauer als die polarographische Bestimmung der Stufenhöhenausmessung, manche ergeben eine Genauigkeit von bis zu 0,1%. Sie ist auch schneller, weswegen sie sich in manchen Fällen zur Ausführung von Serienanalysen eignet.

Um eine neue Titration einzuführen, ist es unerläßlich, das polarographische Verhalten aller Reagentien, was die Stromspannungskurven anbelangt, gut zu kennen, namentlich die geeignetsten Elektrolyten- oder Pufferlösungen zu wählen und das Bodenpotential des Quecksilbers oder jenes der Bezugselektrode zu prüfen.

Das Bequeme bei dieser Art der Titrationen ist, daß man nicht bis zum Äquivalenzpunkt zuzugeben braucht, sondern nur zwei Strombestimmungen vor der Äquivalenz und zwei nach ihr durchführt, wobei man den Äquivalenzpunkt durch Extrapolieren als den Schnittpunkt der Geraden, die durch die beiden ersten Bestimmungspunkte mit der Linie, die durch die beiden letzten geführt wird, erhält (s. Abb. 37). Da sich während der Titration die Konzentration des zu bestimmenden Bestandteiles vermindert, wird bei der Herstellung des Diagramms die oben angegebene einfache Korrektion für i_{korr} benutzt.

Je nachdem, welcher der Reaktionsteilnehmer bei der Titration als Depolarisator dient, unterscheiden wir einige Typen der Kurven des Titrationsdiagramms (s. Abb. 38). Die Kurve a entsteht, wenn durch Zugaben aus der Bürette der Depolarisator im Becherglas entweder durch Niederschlag- oder Komplexbildung polarographisch inaktiv wird. Falls im Becherglas ein polarographisch inaktives Reagens und aus der Bürette ein polarographisch aktives Titrationsreagens zugefügt wird, erhält man Kurve b. Wenn sowohl im Becherglas als auch in der Bürette die reagierenden Stoffe aktiv sind, entsteht Kurve c. Kurve d erhält man, wenn im Becherglas ein Depolarisator eine kathodische und der ihn bindende Stoff in der Bürette eine anodische Stufe hervorruft; hierher gehört auch der umgekehrte Fall, wenn im Becherglas der anodisch wirkende Depolarisator und in der Bürette der ihn bindende kathodische Depolarisator anwesend ist. Das Diagramm e entspricht einem solchen Fall, in dem durch Zutropfen aus der Bürette im Becherglas der zu bestimmende Stoff durch eine Reaktion den Depolarisator erzeugt (z. B. bei der Zugabe von Kaliumjodid zur sauren Lösung der Arsensäure, bei welcher Jod frei wird). Die Form f entspricht einer indirekten Indikation, in der als Indikator ein Depolarisator im Becherglas dient, dessen Abnahme sich erst dann geltend macht, wenn der zu bestimmende Stoff bereits beseitigt ist (z. B. die Titrationen von RINGBOM [7] mit „Pilot Ion", wie in der Bestimmung von Al^{3+} mit F^--Ionen in Anwesenheit einer kleinen Menge Fe^{3+}-Ionen).

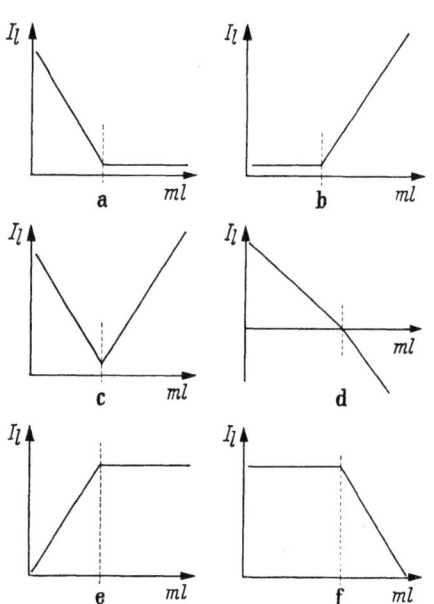

Abb. 38. Typen der polarometrischen Titrationskurven

Die Reaktionen, die zu den Titrationen ausgenützt werden, sind verschiedenartiger Natur mit dem Zwecke, einen Depolarisator zu binden oder zu befreien, z. B. durch Niederschlagbildung, Komplexbildung, von der Redform in die Oxyform umzuwandeln und umgekehrt. Große Auswahl von Reagentien bieten die modernen organischen Fällungsmittel, von denen viele auch Depolarisatoren sind.

Als ein einfaches Beispiel sei hier eine Magnesiumtitration beschrieben, und zwar mittels 8-Oxychinolin nach ISHIBASHI und FUJINAGA [8]: Eine 0,5 N NH_4Cl- und NH_3-Lösung, die Magnesium in einer mindestens millimolaren Konzentration enthält, wird mittels einer alkoholischen Lösung des obengenannten Oxins mit der Tropfelektrode beim Potential von $-1,6$ V, d. i. beim Grenzstrom der Reduktionsstufe des Oxins, titriert. Die Lösung in der polarographischen Zelle soll von der Luft befreit sein, und nach jeder Zugabe muß Stickstoff durchgeführt werden. Das Titrationsdiagramm hat die Form b (Abb. 38). Der Fehler ist hier geringer als 0,7%. Die Anwesenheit kleiner Mengen von Calcium stört nicht, größere Mengen werden durch Überschuß von Ammoniumoxalat niedergeschlagen. Die polarometrische Titration kann sowohl im organischen als auch im anorganischen Gebiete angewendet werden. Als ein einfacheres Beispiel der Titration eines organischen Stoffes sei hier die Bestimmung der Weinsäure (nach R. KALVODA und J. ZÝKA [9]) angegeben: Etwa 0,1 g einer Probe, die Weinsäure enthält, wird in 30 bis 50 ml Wasser gelöst, mit Kalilauge alkalisiert, mit Thymolphthalein als Indicator versetzt, dann 0,5 ml von der 0,5%-Gelatinelösung zugefügt und unter Benutzung der tropfenden Elektrode mit einer Lösung von Bleinitrat beim Potential $-0,9$ V titriert. Die Titrationskurve hat dieselbe Form wie im oberen Beispiel. Auch hier empfiehlt es sich, die Lösung unter Luftabschluß zu halten und nach jeder Zugabe des Fällungsmittels von Luftsauerstoff zu befreien. Anwendungen dieser Bestimmung sind namentlich für Untersuchungen von pharmazeutischen Präparaten wertvoll. Die polarometrischen oder Grenzstromtitrationen bilden ein selbständiges Gebiet der volumetrischen Analyse, über das in den letzten Jahren einige Monographien erschienen sind (s. das Literaturverzeichnis am Ende des Buches).

IX. Der Polarograph

Behufs Zeitersparnis und aus Gründen der objektiven und kontinuierlichen Weise des Aufzeichnens der Stromspannungskurven werden in der Polarographie fast ausschließlich selbsttätige Apparate, sog. „Polarographen", benutzt.

Das Prinzip der automatischen Aufzeichnung der Kurven, welche photographisch erfolgt, ist in Abb. 39 schematisch veranschaulicht. Die Anordnung besteht aus einem Rad von nichtleitendem Material in der Form einer *Kohlrauschtrommel*, auf welche neunzehn Windungen des potentiometrischen Meßdrahtes AB aufgewickelt sind. Das Rad wird durch einen Motor in langsame Drehung versetzt, wodurch sich ein Schleifkontakt entlang des Drahtes bewegt. Gleichzeitig treibt das Rad eine photo-

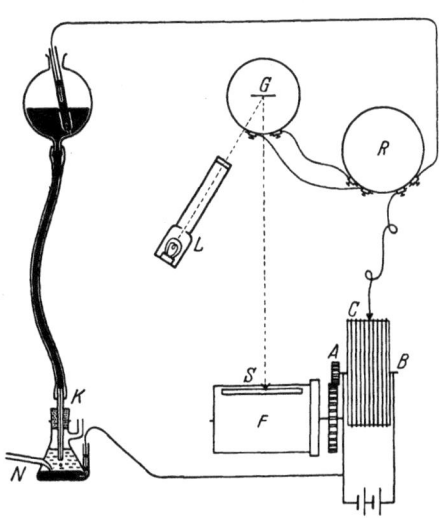

Abb. 39. Schema des Polarographen

graphische Trommel F durch eine Übersetzung derart an, daß diese Trommel beim Durchlaufen des Schleifkontaktes von A bis B eine Umdrehung macht. Nach jeder Umdrehung des potentiometrischen Rades ist automatisch der Spalt der photographischen Trommel belichtet, so daß nach der gänzlichen Umdrehung der Trommel am photographischen

Papier 19 Linien registriert sind, welche die Abstände der Abscissen d. i. die steigende Spannung, angeben. Die Enden des potentiometrischen Meßdrahtes A und B sind mit dem $+$ - und $-$-Pol eines 2- oder 4-V-Bleisammlers direkt verbunden. An die elektrolytische Zelle K wird mittels des potentiometrischen Meßdrahtes eine Spannung abgezweigt, indem man den Anfang des Meßdrahts A mit der Bodenelektrode N und den Schleifkontakt C mit der Tropfelektrode K verbindet. In diesen Stromkreis ist ein empfindliches Spiegelgalvanometer G mit dem auf S. 10 beschriebenen Nebenschluß R eingeschaltet. Durch Drehen des Rades wird

Abb. 40. Ein Modell des Polarographen

die an die Elektroden angelegte Spannung zwischen 0 und 2 bzw. 4 V kontinuierlich geändert. Die dabei auftretende Stromstärke wird mittels des vom Galvanometerspiegel G reflektierten Strahles auf das photographische Papier der beweglichen Trommel F aufgezeichnet, indem der Lichtstrahl der Lampe L auf einen horizontalen Spalt S im unbeweglichen Deckel der photographischen Trommel auffällt. Auf dem entwickelten photographischen Papier erscheint dann die Kurve, auf deren Abscissenachse die Spannungen und auf deren Ordinaten die entsprechenden Galvanometerausschläge aufgetragen sind. Man nennt diese Diagramme „Polarogramme".

Das erste Modell des Polarographen hat J. HEYROVSKÝ mit seinem Mitarbeiter M. SHIKATA [10] im Jahre 1925 entworfen und später mit seinem Schüler V. NEJEDLÝ weiter vervollkommnet, so daß im Jahre

1932 von der Firma Dr. V. Nejedlý, Prag, ein vollständig entwickelter Polarograph mit elektrischem Betrieb in den Handel kam (Abb. 40). Neuere Serien dieses Modells haben nur geringfügige Änderungen gebracht. Dem in Abb. 38 angegebenen Schema entspricht der sog. Mikropolarograph (Abb. 41). In diesem sind nämlich die 4 Teile der Apparatur, der Meßdraht P mit dem photographischen Zylinder Z, das Galvanometer G, der Reductor der Empfindlichkeiten R und das Beleuchtungsrohr L, welche sonst getrennt eingestellt werden müssen, alle in einem Kasten (vom Ausmaß $20 \times 28 \times 48$ cm) eingeschlossen [11]. Der Meßdraht besteht nur aus einer Windung von einigen hundert Ohm Widerstand. Deswegen kann man als Quelle der EMK anstatt des Bleisammlers auch eine Trockenzelle benutzen.

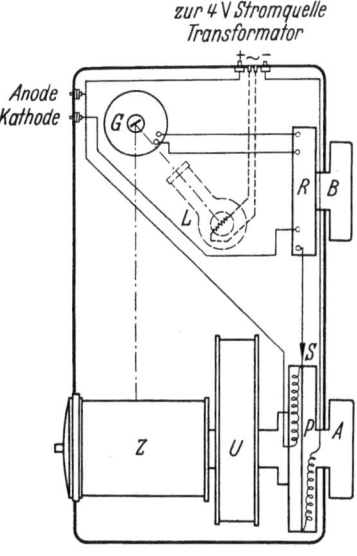

Abb. 41. Schema des Mikropolarographen

Nach diesen zwei ersten Modellen wurden in verschiedenen Ländern modifizierte Polarographentypen konstruiert (s. weiter S. 40). Da bei der Lieferung der verschiedenen Typen das Schaltungsschema und die Handhabung zur Bedienung des Apparates beigelegt sind, wird hier auf eine Beschreibung der technischen Einzelheiten der Apparaturen verzichtet und nur die Prinzipien einiger eingeführten Meßeinrichtungen erörtert; diese sind im Schema Abb. 39 nicht gezeichnet.

1. Regulierung des Potentialabfalls im Meßdraht

Der Spannungsabfall am Meßdraht soll bei jeder Windung einer gewünschten Spannung, z. B. 100 oder 200 mV, genau entsprechen. Zu dessen Regelung ist das Ende des Meßdrahtes ringförmig unter einem mit Schleifkontakt versehenen Drehknopf befestigt. Durch Drehen dieses Knopfes wird der Spannungsabfall entlang des Meßdrahtes zum gewünschten Wert eingestellt. Zu den meisten Bestimmungen genügt ein an den beiden Enden des Meßdrahtes eingeschaltetes Zeigervoltmeter. Zur genauen Messung der Spannung am Meßdraht bedient man sich des unten (sub 2) erwähnten Kompensationsverfahrens mittels eines Normalelements.

Die Spannung am Meßdraht kann auch auf die Hälfte oder ein Drittel herabgesetzt werden, wenn man vor oder hinter dem Meßdraht Widerstände, welche ihm gleich sind, einreiht; diese sind auch in der Apparatur enthalten. Beim Benutzen des Widerstandes, welcher hinter dem Meßdraht eingeschaltet ist, fällt die Spannung auf die Hälfte. Wenn beide

Widerstände eingereiht sind, fällt sie auf ein Drittel. Wenn nur der vor dem Meßdraht eingeschaltete Widerstand angewendet wird, zweigt der an den Anfang des Meßdrahts gelegte Schleifkontakt bereits die Hälfte der Spannung des Bleisammlers als die an die Zelle angelegte Spannung ab, denn eine Elektrode ist direkt dem Pol des Bleisammlers angeschlossen, die zweite durch den Schleifkontakt, welcher durch zwei gleiche Widerstände mit den beiden Polen verbunden ist.

2. Vorrichtung zum Messen des Potentials der ruhenden Elektrode, d. h. zur Bestimmung des Bodenpotentials

Dazu ist im Polarographen eine Schaltung eingebaut, mittels welcher der Schleifkontakt am potentiometrischen Meßdraht zur Kompensationsmessung der Potentialdifferenz zwischen dem Bodenquecksilber und einer Referenzelektrode dient. Zuerst messen wir durch die POGGENDORFFsche Kompensationsmethode mittels des WESTON-Elementes den jeder Windung der Kohlrauschtrommel entsprechenden Potentialabfall; dann schalten wir in Serie zum WESTONschen Element die Zelle, welche durch das Bodenpotential und eine Standardelektrode zur polarographischen Zelle mittels eines mit Elektrolyten gefüllten Heberrohres verbunden ist, und bestimmen somit das Potential des Bodenquecksilbers gegen die Standardelektrode. Als Nullinstrument bei der Kompensation dient das Spiegelgalvanometer. In der praktischen Polarographie, namentlich bei Serienanalysen, erübrigt sich aber diese Messung.

3. Anodisch-kathodische Polarisation der Tropfelektrode

Oft ist es nötig, die Tropfelektrode kontinuierlich vom positiven bis zum negativen Potential derart zu polarisieren, daß sie zunächst als Anode und dann als Kathode dient. Die dazu erforderliche Spannung muß dabei anfangs zu 0 abfallen und dann mit umgekehrtem Vorzeichen wieder anwachsen. Man nennt diesen Verlauf „anodisch-kathodische Polarisation" der Tropfelektrode. Dazu dient in den Polarographen eine Schalteinrichtung nach J. HOEKSTRA, welche in Abb. 42 angegeben ist. Hier sind zum, potentiometrischen Meßdraht P zwei Widerstände, L bis O und R bis O geschaltet, deren Verhältnis z. B. 10 : 9 gewählt ist, so daß, wenn der Schleifkontakt S am Ende der zehnten Windung anliegt, die an die

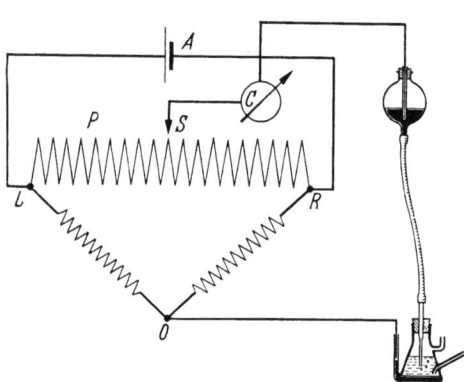

Abb. 42. Schaltungsschema zur anodisch-kathodischen Polarisation (nach J. HOEKSTRA)

Zelle angelegte Spannung 0 ist. Bewegt man den Schleifkontakt vom Anfang L gegen das Ende R des Meßdrahts, so ist die Tropfelektrode anfangs stark anodisch polarisiert, in der Mitte kehrt die Stromrichtung um, und von da weiterhin wird die Tropfelektrode als Kathode polarisiert.

Wo diese Schaltung nicht eingeführt ist, genügt es, nach M. KALOUSEK die ruhende Quecksilberelektrode anstatt mit dem Anfang des Meßdrahts mit den Mittelplatten eines 4-V-Bleisammlers zu verbinden (Abb. 43). Bei dem Verschieben des Schleifkontaktes erhält man dann denselben Übergang von anodischer zur kathodischen Polarisation wie mit der Schaltung nach HOEKSTRA. Da bei den meisten Polarographen die Bewegung der potentiometrischen Trommel auch rückgängig gemacht werden kann, bietet sich die Möglichkeit sowohl eines anodisch-kathodischen wie eines kathodisch-anodischen Verlaufes der Polarisation. Dieselbe Umkehrung erfolgt auch durch Umpolen des Meßdrahts.

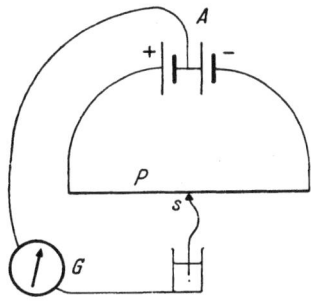

Abb. 43. Schaltungsschema zur anodisch-kathodischen Polarisation (nach M. KALOUSEK)

4. Kompensation des Ladungsstromes

Bei der Elektrolyse mit der Tropfelektrode bedarf jeder Tropfen einer gewissen Elektrizitätsmenge, um sich auf ein Potential, gemäß der angelegten Spannung, zu laden. Deswegen fließt der Elektrode ein gewisser Strom – sog. Ladungsstrom (s. S. 25) – zu, welcher jedoch so gering ist, daß er nur bei Anwendung der größten Empfindlichkeiten beobachtbar ist. Bei Bestimmungen von Depolarisatoren von sehr kleinen Konzentration (etwa 10^{-5} N) stört jedoch dieser Strom, da er die kleineren Stufen überdeckt und undeutlich macht. Deswegen kompensiert man in solchen Fällen den Ladungsstrom künstlich nach D. ILKOVIČ und G. SEMERANO. Abb. 44 zeigt das Schema, bei welchem ein Widerstand R_1 von etwa 1000 Ohm, ein Widerstand R_2, welcher von 0 bis 50 Ohm regulierbar ist, und ein dritter Widerstand R_3 von etwa 70000 Ohm in den Galvanometerast eingeschaltet ist. Der Ladungsstrom, welcher mit der angelegten Spannung ungefähr linear anwächst, und zwar – je nach den Tropfbedingungen – um etwa 10^{-7} A je V, wird bei der Bewegung des Schleifkontakts durch den zwischen a und b fließenden Gegenstrom in der Galvanometerspule zu Null kompensiert. Das Einstellen des Gegenstromes geschieht durch den regulierbaren Widerstand R_2 je nach den Tropfbedingungen. Dieses Verfahren ist von

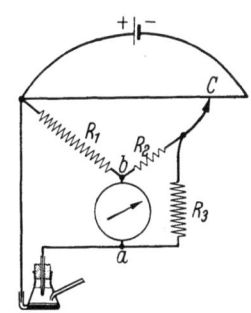

Abb. 44. Schaltungsschema zur Kompensation des Ladungsstromes (nach D. ILKOVIČ und G. SEMERANO)

praktischer Bedeutung nur dann, wenn es sich um Spuren im Konzentrationsgebiet unter 10^{-5} N handelt, und wird daher selten angewendet.

5. Ableitungsschaltung

Bei der Ablesung von Polarogrammen stoßen wir oft auf undeutlich getrennte Stufen, die dicht beisammen liegen, so daß man weder ihre

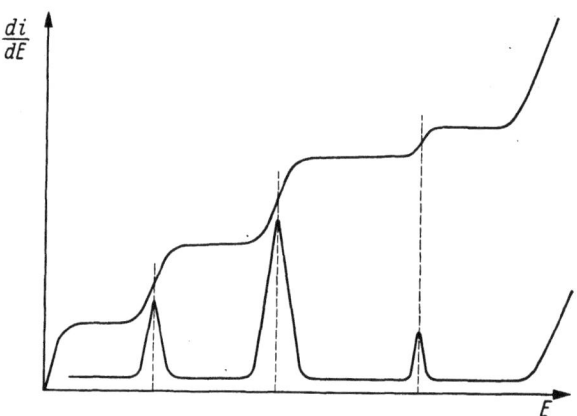

Abb. 45. Oben die schematische $i-E$-Kurve, unten ihre „Ableitungskurve" $\dfrac{di}{dE} - E$

Höhen noch Halbstufenpotentiale genau bestimmen kann. Es gibt auch oft schlecht ausgebildete Grenzströme, aus denen man die Quantität nicht ermitteln kann. In solchen Fällen empfiehlt es sich, statt der gewöhnlichen Stromspannungskurven ihre Ableitung di/dE gegen die Spannung E zu registrieren. An diesen Kurven verwandeln sich nämlich die Stufen in Maxima, welche beim Halbstufenpotential liegen, und deren Höhe die Quantität genau angibt. Der Ladungsstrom erscheint bei der Ableitung nur als eine konstante Erhöhung; die Ableitung des Grenzstromes, falls er parallel zu der Potentialachse verläuft, ist identisch mit der Galvanometernullinie. Die Ableitungskurven bieten eine Erhöhung des Unterscheidungsvermögens (s. Abb. 45) und geben durch einen Punkt der Kurve, d.i. durch die Spitze des Maximums, sowohl die Qualität wie auch die Quantität genau an. Von den verschiedenen Anordnungen, Ableitungskurve zu erhalten, ist die einfachste jene von J. VOGEL und J. ŘÍHA. Das Prinzip dieser Methode ist aus dem Schema (Abb. 46) ersichtlich. Parallel zu

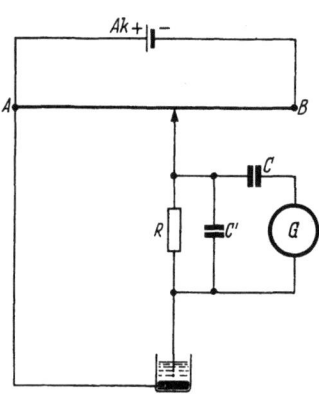

Abb. 46. Schaltungsschema zum Erhalten der Ableitungskurve nach VOGEL und ŘÍHA

einem Widerstand R (etwa 300 Ohm) ist ein Kondensator C von einer Kapazität etwa 3000 μF geschaltet. Der diesen Kondensator ladende Strom i_c ist gleich $\frac{dQ}{dt} = C\frac{dV}{dt}$. Die Spannung am Kondensator ist dem Potentialabfall iR am Widerstand R gleich. Wir haben also $i_c = C\frac{diR}{dt}$ $= CR\frac{di}{dt}$. Da aber die Spannung E gleichmäßig mit der Zeit wächst, ist $\frac{di}{dt} = k\frac{di}{dE}$ und es ergibt sich somit $\frac{di}{dE} = \frac{K}{CR}i_c$. Der Ladungsstrom gibt die Ableitung $\frac{di}{dE}$ an und ist mittels des Spiegelgalvanometers G registrierbar. Zur Dämpfung der Oszillationen des Galvanometers ist der Kondensator C' einer Kapazität von etwa 2500 μF eingeschaltet.

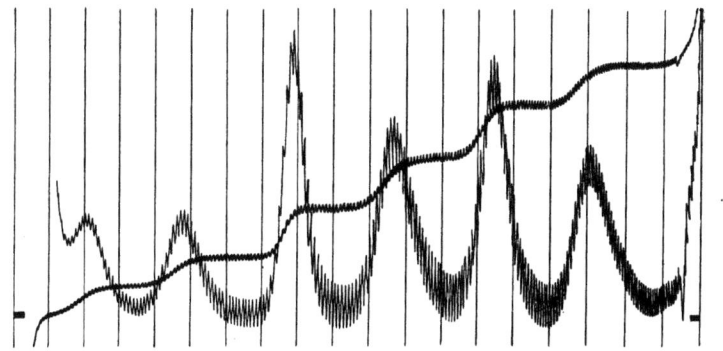

Abb. 47. Die Stromspannungskurve und ihre Ableitung einer ammoniakalischen Lösung von Cu^{++}, Cd^{++}, Ni^{++}, Zn^{++} und Mn^{++}-Ionen

Durch das Galvanometer, welches in Serie mit der elektrolytischen Zelle eingereiht ist, kann gleichzeitig auf dasselbe Papier die Ableitung mit der primitiven Stromspannungskurve registriert werden (Abb. 47). Ein Nachteil dieser Methode ist die Herabsetzung der Empfindlichkeit auf etwa $^1/_{20}$. Über die praktische Ausführung s. S. 56.

6. Dämpfen der Galvanometer-Oszillationen

Wenn es sich um eine Bestimmung eines unedleren Bestandteiles im Überschuß eines edleren handelt, wird die Ablesung der negativen Welle durch die großen Oszillationen erschwert, welche durch die Depolarisation des edleren Bestandteiles verursacht werden. Die Oszillationen sind desto größer, je kürzer die Schwingungsdauer des Galvanometerspiegels ist. Die Oszillationen sollen nicht 10% des Ausschlages übersteigen. Um diese zu vermindern sind bei den neueren Typen der Polarographen dämpfende Stromkreise eingereiht. Meistens sind es ein oder mehrere Kondensatoren von großer Kapazität, welche parallel zum Galvanometer geschaltet werden. Die Oszillationen sollen jedoch nicht zu stark gedämpft sein, denn die Bewegungen des Spiegels werden dadurch träge und zeigen schnelle Stromänderungen, wie z. B. bei Unregelmäßigkeiten, nicht rechtzeitig und richtig an. Das regelmäßige Oszillieren zeigt – wie z. B. das Pendeln einer Uhr – das richtige Fungieren des Registrierens.

7. Sonstige Einrichtungen

Manche Firmen liefern mit dem Polarographen auch das nötigste Zubehör. Es sind das Stative für die tropfende Elektrode, graviert zum Einstellen einer genauen Höhe des Quecksilberbehälters mit einer Einrichtung zur Aufrechterhaltung einer konstanten Höhe des Quecksilberniveaus, thermostatische Einrichtung für die elektrolytische Zelle, ein Normalelement und Vorrat- oder Ergänzungsbestandteile wie Glühlampen, Capillaren, Photopapier usw. Zum photographischen Registrieren bewährt sich das normale, weiße, glänzende Bromsilberpapier in Rollen von 10×400 cm².

Der Polarograph mit der tropfenden Elektrode soll an einer erschütterungsfreien Stelle aufgestellt sein, womöglich an einer stabilen Wand oder Konsole. Bei den älteren Modellen ist das Galvanometer mit einer Wasserlibelle versehen. Die Saitengalvanometer brauchen keine Justierung in die waagerechte Lage.

Zum Gebrauch sonstiger Ergänzungen der polarographischen Apparatur wird auf die Einleitungen und Gebrauchsanweisungen der Prospekte der verschiedenen Polarographenerzeuger hingewiesen.

X. Polarographen anderer Konstruktion

Nach der Einführung der ersten zwei Typen von Polarographen wurden in verschiedenen Ländern Polarographen erzeugt, deren Konstruktion mehr oder weniger den oben erwähnten ähnlich war. Heutzutage können wir solche Konstruktionen im groben Umriß in zweierlei Typen einteilen: die manuellen und die registrierenden. Die manuellen Polarographen sind die einfachsten, denn bei diesen fällt alle mechanische und registrierende Einrichtung weg. Die Spannung wird an den potentiometrischen Draht angelegt und der Strom wird entweder am Mikroamperemeter oder durch den Ausschlag eines Spiegelgalvanometers am Raster eines durchsichtigen, je nach der angewandten EMK drehbaren Papiers bestimmt.

Die manuellen Ablesungen eignen sich vor allem für die polarometrischen Titrationen und auch zu Serienanalysen, bei welchen nur einige Punkte der Stromspannungskurve zu ermitteln sind. Den genauen Verlauf einer Kurve mittels eines manuellen Polarographen zu verzeichnen wäre langwierig, jedoch genauer als durch die automatische Registrierung, da bei der manuellen Methode genügend Zeit vorhanden ist, die endgültige Lage des Galvanometerausschlages zu erreichen. Deswegen ist der manuelle Polarograph zu genauen theoretischen Messungen am besten geeignet. Manuelle Polarographen mit dem Zeigermikroamperemeter verfertigen z. B. die ,,Electrochemical Laboratories" in Worsley (England), Aminco in USA oder die Atlas-Werke, Bremen. Mehr gebraucht sind die Polarographen mit dem Spiegelgalvanometer wie der Cambridge Voltamoscope, London, oder das zweite Modell der Firma Electrochemical Laboratories, England, die Fisher Electropode, ferner der Electro-Polarizer der Firma General Scientific Equipment, der Sargentsche Manual Polarograph, der Schweizerische Polarometer der Firma Metrohm und andere. Eine bequeme Registrierung der Kurven liefert der französische Polarograph von Du Bellay, in welchem die vom Galvanometer reflektierte Lichtmarke an ein verschiebbares, mit Raster versehenes Papier auffällt. Im Prager Modell L.P. 54 bewegt sich das durchsichtige Papier unter einer Skala, auf der sich die Lichtmarke zeichnet. Die registrierenden Maschinen zeichnen entweder photographisch oder mittels eines mechanischen Stiftschreibers. Photographisch hergestellte Polarogramme sind vollkommen und stellen ein unfälschbares Dokument dar, was jedoch mit dem Zeitverlust der Entwicklung erkauft wird. Die mechanisch gezeichneten Kurven sind mit einer gewissen Verzögerung nach dem momentanen Strom belastet und können außerdem als ein objektives Dokument nicht dienen. Photographische Polarographen erzeugen in Prag die Werke ,,T.O.S.", und zwar den älteren Typus V 301 und den modernen L.P. 55 neben dem Mikropolarographen Typus M 103; ähnlich dem letzten Modell ist der Polarograph Cambridge Insts. Co. (London) und Sargent (Chicago), dann Leybold Modell 38 (Köln Bayental) und Yanagimoto, Japan. Die photographische Registrierung wird auch mittels eines Galvanometers und eines Spiegelvoltmeters so reflektiert, daß auf einem unbeweglichen lichtempfindlichen Papier die Stromspannungskurve entsteht (Firma GRW, Teltow). Hartmann & Braun erzeugen photoregistrierende Apparate nach ANTWEILER, welche den Vorteil besitzen, daß die Entwicklung entfällt, denn vom Galvanometer wirkt der Lichtstrahl einer ultravioletten Quarzlampe auf spezielles empfindliches Papier, das sofort schwärzt. Sonst überwiegen in der Weltproduktion die Tinten- oder Stiftschreiber.

Das Aufzeichnen der Kurven bietet den Vorteil, daß man sie mit dem Auge direkt verfolgen kann. Prinzipiell ist die Schaltung dieselbe wie beim klassischen Polarographen, in Serie mit dem elektrolytischen Gefäß ist jedoch ein Widerstand eingereiht, von dessen Enden die entstehende Spannung iR, elektronisch dermaßen verstärkt wird, so daß der Strom i durch einen Koordinatenschreiber gezeichnet wird. Die Verstärkung kann hier auf verschiedene Weise erzielt werden. Die Reibung des Stiftes am Papier beim Schreiben ist gewissermaßen ein Nachteil der schreibenden Apparate. Solche Instrumente werden erzeugt von den Firmen Leybold, Radiometer (Kopenhagen), Blomgrens LKB (Stockholm), L. P. 60 (Prag). Weiter gehören hier her Rusnáks ungarischer Mikropolarograph, französischer MEC Polarograph, schweizerischer Metrohm Polarecord, englischer Tinsley und Cambridge, in den Vereinigten Staaten Sargents Modelle XV und XXI, Leeds and Northrup Electrochemograph E, Rutherford Instruments Polaro-analyser, japanischer Yanagimoto P–B, Shimadzu RP und YEW. Der Tastpolarograph (Atlaswerke, Bremen) hat eine etwas erhöhte Empfindlichkeit, da der Strom erst zu Ende des Abtropfens verstärkt wird, womit der Grenzstrom höher und der Ladungsstrom kleiner wird.

Als ziemlich verschieden von den obigen Konstruktionen sind folgende Polarographen zu erwähnen: Der BREYERsche Tensammeter (verfertigt von Yanagimoto, Japan), in welchem bei wachsender Spannung am Potentiometer eine kleine Wechselspannung von 20 bis 40 mV superponiert wird, und der durch die Zelle fließende Wechselstrom registriert wird. Es entstehen Maxima, welche außer den elektrolytischen Vorgängen auch die Adsorption der oberflächenaktiven Körper angeben [12].

Zur Beseitigung des Ladungsstromes ist ein Adapter „Cambridge Univector", konstruiert, mittels dessen die elektrolytischen Ströme von Depolarisatoren in der Konzentration unter 10^{-5} M mit etwa 20mal größerer Empfindlichkeit aufgenommen werden können [13]. Jedoch der empfindlichste Polarograph ziemlich komplizierter Konstruktion, ist der von Mervyn-Harwell erzeugte BAKERsche Square-wave Polarograph. Mit diesem Instrument ist der Ladungsstrom beseitigt und die Kurven haben die Form von Maxima, ähnlich wie in den Ableitungskurven. Seine Empfindlichkeit reicht aus, um Spuren von 10^{-8} M zu bestimmen [14].

In der neuesten Zeit wird der Kathodenstrahloszillograph zu analytischen Zwecken verschiedenartig benutzt. Diese Methoden zu beschreiben liegt jedoch außerhalb des Rahmens dieses Büchleins und es wird bloß auf die spezielle Literatur hingewiesen (S. 104).

XI. Auswertung der Polarogramme

Wenn bei der polarographischen Analyse eine Probe unbekannter Zusammensetzung vorliegt, deren Lösung eine oder mehrere Stufen auf dem Polarogramm aufweist, handelt es sich vorerst um die qualitative Bestimmung der vorhandenen Depolarisatoren. Zu diesem Zweck dienen die Werte der Halbstufenpotentiale, die in Tabellenform in den polarographischen Lehrbüchern angegeben sind (s. S. 105). Einem geübten Polarographisten zeigt schon die Steilheit der Stufe an, um wieviele Elektronen es sich bei der Depolarisation handelt (die mehrelektronigen Vorgänge geben steilere Stufen). Dabei genügt es, die Halbstufenpotentiale mit einer Genauigkeit von ± 0,01 V zu bestimmen. Um sich zu überzeugen, ob der Depolarisator richtig erkannt ist, fügt man zu der untersuchten Lösung einen Tropfen einer 0,1 N Lösung des betreffenden Depolarisators und beobachtet, ob und wie sich die Stufe erhöht. Die relative Erhöhung gibt schon eine annähernde Schätzung der Konzentration des Depolarisators an (s. S. 7). Zur genauen Bestimmung der Konzentration muß man die Größe des Grenzstromes ermitteln, wobei man den mittleren Strom, d.h. die Linie durch die Mitte der Oszillationen, als den zu messenden Strom betrachtet. Man kann auch die durch die oberen oder die unteren Spitzen der Oszillationen geführte Linie, die ebenfalls den Grenzstrom angibt, als den maßgebenden Strom benützen. Man muß selbstverständlich bei der Herstellung der Eichkurve (s. S. 61) immer dieselbe Art der Messung verwenden. Die Höhe des Grenzstromes gibt die senkrechte vom mittleren Strom zur Abscissenachse, d.h. parallel zur Ordinate gezogene Linie an (Abb. 48). Wenn sich vor der zu vermessenden Stufe ein Grenzstrom eines edleren Depolarisators befindet, zieht man mit dem Bleistift eine Linie durch die Oszillationen des ersten Grenzstromes sowie auch des zweiten, wobei die beiden Geraden im idealen Falle parallel verlaufen. Die beim Halbstufenpotential geführte Ordinate schneidet beide Geraden in Punkten, welche die Stufenhöhe begrenzen (Abb. 48). Auch wenn die Linien vor und nach dem Inflexionspunkt der Halbstufe nicht parallel sind, zieht man durch die nächsten Zäckchen des Grenzstromes gerade Linien und errichtet die durch den Inflexionspunkt

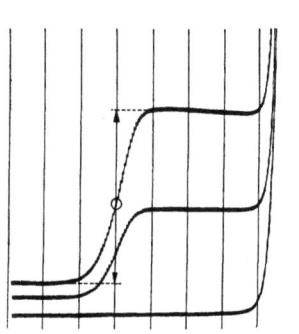 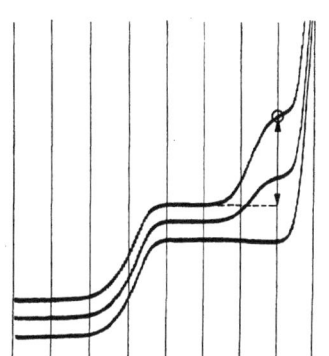

Abb. 48. Messung der Stufenhöhe bei parallel verlaufenden Strömen

Abb. 49. Messung der Stufenhöhe bei nichtlinear verlaufenden Grenzströmen

geführte Ordinate; die Schnittpunkte der letztgenannten drei Linien begrenzen die Gerade, die als die Stufenhöhe betrachtet werden kann (Abb. 49).

Wenn sowohl vor der Stufe wie nach ihr der Strom nicht linear ansteigt, legt man an die beiden Biegungen der Kurve parallele Tangenten und betrachtet als die Stufenhöhe die Entfernung beider Tangentenberührungspunkte. Bei Stufen mit eigenartigen Formen muß man individuell vorgehen um die Erhöhung des Stromes durch den Depolarisator abzuschätzen; immer muß man zuerst die Kurve des reinen (leeren) Grundelektrolyten und darauf jene mit der Zugabe des Depolarisators aufnehmen; die Stufenerhöhung erscheint als deren Unterschied.

XII. Methoden der quantitativen polarographischen Analyse

Die quantitativen Bestimmungen basieren auf der proportionalen Abhängigkeit der Stufenhöhe von der Konzentration des Depolarisators. Bei der Vergleichung der Lösungen von verschiedenen Konzentrationen des Depolarisators müssen natürlich alle Bedingungen der Analyse genau eingehalten werden, so namentlich die gleiche Höhe des Quecksilberbehälters über der Capillarenmündung, gleiche Temperatur – bis auf 0,5 °C –, dieselbe Capillare und womöglich dieselbe Zusammensetzung des Grundelektrolyten.

Es gibt mehrere Methoden zur Bestimmung der Konzentration des Depolarisators.

Theoretisch ist es möglich und in einigen Fällen praktisch durchführbar, aus dem Diffusionsstrom gemäß dem Gesetz von ILKOVIČ die Konzentration des Depolarisators zu berechnen. Da dieser Strom, i_d, durch die Formel $0{,}627\, nFc\, D^{1/2}\, m^{2/3}\, t^{1/6}$ gegeben ist, braucht man nur den Diffusionskoeffizienten D, die Durchströmungsgeschwindigkeit m und die Tropfzeit t genau zu kennen, um die unbekannte Konzentration c zu berechnen. Experimentell sind die obengenannten Faktoren langwierig zu bestimmen, weswegen man sich einer der mehr empirischen, auf Eichkurven begründeten Methoden bedient.

Methode der Standardzugabe (s. 55, 56). Ihr Prinzip besteht darin, daß man zum bekannten Volumen der Lösung des zu bestimmenden Depolarisators ein bekanntes Volumen seiner Lösung von einer genau bekannten Konzentration zufügt. Man nimmt die Kurve vor und nach der Zugabe auf. Am besten ist es, so viel zuzugeben, daß die ursprüngliche Stufe sich auf das Doppelte erhöht. Aus der Stufenerhöhung, der Stufenhöhe, den Volumina und Konzentrationen ist die gesuchte ursprüngliche Konzentration des Depolarisators leicht zu errechnen (s. S. 66). Diese Methode ist durch die Fehler der Ablesung kleiner Volumina belastet. Genauer ist deshalb die Methode zweier Lösungen, bei welcher man die zu bestimmende Lösung in zwei gleiche Meßkolben in gleichen Anteilen abpipettiert und in den einen Meßkolben ein bestimmtes Volumen der Standardlösung gibt. Dann füllt man beide Kolben mit demselben Grundelektrolyten zur Marke auf. Dadurch werden die Abmessungsfehler minimal und die Ergebnisse möglichst genau. Diese Methode ist aber durch das zweimalige Pipettieren und Polarographieren langwierig und eignet sich eher für kleine Serien.

Für große Serien ist die Bestimmung mit der Eichkurve vorteilhafter (s. S. 61, 63). Es wird eine Reihe von verschiedenen Konzentrationen des Depolarisators vorbereitet und unter definierten Bedingungen (m, t und Temperatur) polarographisch aufgenommen. Die Werte der Grenzströme werden graphisch gegen die entsprechenden Konzentrationen aufgetragen und durch die Eichkurve gezeichnet. Für jede neue Capillare oder neue Zusammensetzung der Lösung muß eine neue Eichkurve hergestellt werden. Auch eine ständig benutzte Capillare soll von Zeit zu Zeit von neuem geprüft werden.

Falls man eine Reihe von Mustern analysiert, deren Zusammensetzung nur wenig schwankt, genügt es statt der Eichkurve eine Standardlösung vorzubereiten von einer genauen Konzentration, die jener der Muster nahe liegt, und zu einigen Kurven verschiedener Muster an demselben Polarogramm jene des Standards unter denselben Bedingungen einzuzeichnen. Aus dem Verhältnis der Höhen der Stufen der Muster zu der Höhe des Standards wird die gesuchte Konzentration ermittelt. Die bisher erwähnten Methoden werden wegen ihrer Einfachheit in der quantitativen Analyse meistens benutzt. Es gibt auch einige spezifische oder besonders empfindliche polarographische Bestimmungen, die jedoch hier nicht im einzelnen besprochen werden können und deswegen an Hand der Bibliographie ausgesucht werden müssen.

XIII. Schutz vor Quecksilbervergiftung

Da man bei der Polarographie stets der Gefahr einer Quecksilbervergiftung ausgesetzt ist, soll man sich vor den Dämpfen und vor Berühren des Quecksilbers mit den Fingern nach Möglichkeit hüten. Deswegen soll verspritztes Quecksilber sofort mit einem Pinsel oder mit einer sog. Quecksilberzange sorgfältig gesammelt und in eine Flasche unter Wasser gebracht werden. Der menschliche Organismus kann auf dreierlei Wegen mit Quecksilber in Berührung kommen: durch die Hautoberfläche bei Berührung, durch die Lunge bei Einatmen der Quecksilberdämpfe oder durch den Magen beim eventuellen Schlucken. In den ersten zwei Fällen wirkt das Quecksilber toxisch, im dritten Falle, im Magen, wirkt das Quecksilber nicht giftig, die Gefahr droht bloß den goldenen Zahnplomben, die amalgamiert werden können. Durch den Darm läuft das Quecksilber nur unter leichten laxativen Wirkungen.

Quecksilbervergiftung äußert sich durch Lungenreizung, Zahnfleischschwellungen und Darmstörungen. Dabei befindet sich im Harn bis zu 0,5 mg Quecksilber je Liter. Die akute Form der Vergiftung kommt selten vor. Bei chronischer Vergiftung kommt es auch zu Blutanfällen im Gesicht, Geistesdepressionen, Gedächtnis- und Sprachstörungen und Zittern. Auch in diesem Stadium ist jedoch die Vergiftung heilbar und hinterläßt keinerlei Folgen.

Um die Dämpfe zu vermeiden, soll zerstreutes Quecksilber sofort gesammelt werden, was am besten durch Zusammenkehren auf ein nasses Filtrierpapier und Abklopfen in ein Glas unter Wasser geschieht. Die Hände sollen oft gründlich gewaschen werden. Beim Entleeren der polarographischen Gefäße gießt man die Lösungen samt dem Quecksilber in ein dickwandiges Gefäß, welches man sicherheitshalber in eine Schale stellt.

Die Quecksilberbehälter sollen immer mit (nicht dicht anliegenden) Stöpseln versehen werden und der Fußboden und die Tische womöglich mit Linoleum bedeckt sein, damit sich Quecksilbertröpfchen in den Fugen nicht halten können. In der Nähe der Heizöfen oder Trockenschränke soll weder zerstreutes Quecksilber herumliegen noch Gefäße mit Quecksilber offenstehen. Das allerbeste Mittel gegen den Quecksilberdampf ist ein kräftiger und häufiger Luftwechsel.

Nach mehr als dreißigjährigen steten Untersuchungen mit den Quecksilberelektroden hat jedoch der Verfasser weder an sich noch an seinen zahlreichen Mitarbeitern Symptome einer Quecksilbervergiftung bemerkt. Damit soll aber nicht gesagt werden, daß Personen, welche zu Quecksilbervergiftungen neigen, bei den hier beschriebenen Arbeiten von Beschwerden verschont bleiben. Mehr Schäden als durch Vergiftungen entstehen durch das Amalgieren der Wasserleitungen beim unvorsichtigen Herausgießen bei der Reinigung durch Wasser. Beim stetigen Arbeiten mit Quecksilber sollen keine Ringe getragen und metallische Gegenstände entfernt werden.

XIV. Prüfung der Apparatur

Die zusammengestellte polarographische Apparatur soll zunächst an einem einfachen Falle ausprobiert werden. Damit wird nicht nur die Richtigkeit der Meßanordnung untersucht, sondern auch dem Anfänger eine zweckmäßige Einübung in die Meßtechnik geboten.

Das richtige Funktionieren eines Polarographen erkennt man an der Registrierung des Ohmschen Gesetzes. Dazu schließt man an die zur Kathode und Anode der elektrolytischen Zelle führenden Klemmen statt der Zelle einen Widerstand R von etwa 100000 Ohm an und verzeichnet die Stromspannungskurve von $E = 0$ bis 2 oder 4 V; dabei soll gemäß dem Ohmschen Gesetz der Strom $i = E/R$ als eine gerade Linie gezeichnet

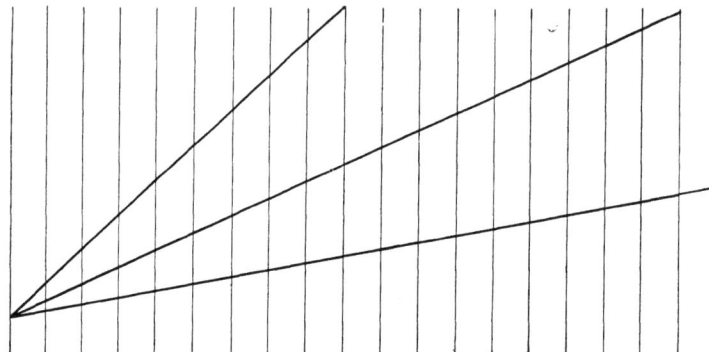

Abb. 50. Stromspannungskurven nach dem Ohmschem Gesetz. Widerstand 100000 Ohm, Empfindlichkeit $1/50$, $1/100$, $1/200$

sein. Beim Anfang der Kurve, d.i. bei $E = 0$ V stellt man die Lichtmarke auf die Abszisse 0 etwa 0,5 cm hoch ein und wählt die Empfindlichkeit 1/100. Von demselben Punkt (0,5 cm) an der Abszisse (0) wiederholt man die Linie mit Empfindlichkeit 1/50 und dann 1/200. Die so erhaltenen drei Linien (Abb. 50) beweisen den richtigen Gang des Apparates einschließlich des Galvanometers, da nur bei linearen Ausschlägen die Linearität mit dem Strome verbürgt ist.

Aus den Geraden des Ohmschen Gesetzes kann man die Galvanometerempfindlichkeit einfach berechnen, wenn man den Strom bestimmt, welcher 1 mm Ausschlag gibt, oder den Ausschlag berechnet, welchen 1 Mikroampere (10^{-6} A) verursacht. Zum Beispiel beim Widerstand $R = 10000$ Ohm, Spannung 1 V, Empfindlichkeit 1 : 300 notiert man den Ausschlag $a = 63,7$ mm von der Nullinie, d.h. bei Benutzung der vollen Empfindlichkeit wäre der Ausschlag 300mal größer, also 19110 mm. Der Strom, der diesen Ausschlag gibt, ist $i = \dfrac{E}{R} = \dfrac{1}{10000} = 10^{-4}$ A. 1 mm ist also durch $10^{-4} : 19110 = 5{,}23 \times 10^{-9}$ A verursacht. Die Empfindlichkeit ist 5×10^{-9} A. Berechnet für 1 Mikroampere wäre der Ausschlag $19110 : 100 = 191$ mm.

Prüfung der Apparatur

Wenn wir solche Empfindlichkeitsbestimmungen mit mehreren Empfindlichkeitsgraden durchführen, erhalten wir nicht vollständig übereinstimmende Werte, denn die Angaben am Reduktor sind nicht ganz genau; sie sollen nur zur Orientierung über die Größenordnung der erhaltenen Ströme dienen.

Durch das folgende Polarogramm überzeugt man sich vom regelmäßigen Tropfen der Elektrode und richtiger Dämpfung des Galvanometers.

Zu diesen Zwecken benutzt man eine frisch in destilliertem Wasser bereitete etwa 0,001 N KCl- oder NaCl-Lösung, welche in ein gewöhnliches kleines Becherglas von 10 bis 15 cm^3 Inhalt etwa zur Hälfte eingegossen wird. Dann gießt man reines Quecksilber (welches auch feucht sein kann) auf den Boden des Becherglases, etwa 4 bis 5 mm hoch (hier soll man mit dem Quecksilber nicht sparen!) und stellt das Becherglas, gestützt durch den Holzblock, unter die Tropfelektrode, so daß diese mehrere mm in die Lösung eintaucht. Dann führt man in das Bodenquecksilber einen in das Glasröhrchen eingeschmolzenen Platinkontakt ein (wie in Abb. 5a). Der ganze Platindraht muß sich unbedingt unter der Quecksilberoberfläche befinden, da sonst andere Vorgänge als jene, welche der Quecksilberelektrode eigen sind, eintreten können. Kein Teil der Anordnung der Zelle darf in labiler Lage sein, da Bewegungen der Elektroden, der Kontakte, der Flüssigkeit oder des Schlauches während der Elektrolyse zu Störungen des glatten Kurvenverlaufs führen könnten.

Zum Aufzeichnen der Kurve wählt man eine derartige Empfindlichkeit des Galvanometers, daß das hervorragende Maximum des Luftsauerstoffs und die Stufe des Alkalimetalls am Polarogramm ganz und womöglich groß eingezeichnet werden. Da bei diesen Vorgängen ein Strom der Größenordnung 10^{-5} A durch die Zelle fließt, benutzt man zu dieser Aufnahme eine Empfindlichkeit von 1 : 30 bis 1 : 50[1], wenn die höchste Galvanometerempfindlichkeit etwa 5×10^{-9} A je mm beträgt. Durch Einstellen des Quecksilberbehälters wird die Tropfzeit von etwa 3 sec bei der Spannung Null erreicht, wobei die Tropfzeit durch eine Stoppuhr mittels Feststellung der Zeitdauer von 10 bzw. 5 oder 3 Tropfen bestimmt wird.

Vor der Aufnahme der Kurve überzeugt man sich von der richtig gewählten Empfindlichkeit bei verschlossenem Spalt des photographischen Zylinders durch Verfolgen der Bewegungen der Lichtmarke mit dem Auge, wobei die potentiometrische Trommel entweder – bei ausgekuppeltem Mechanismus – mit der Hand oder durch den Motor gedreht wird. Die an die beiden Enden des potentiometrischen Meßdrahtes angelegte Spannung wird bei dieser Aufnahme auf 4 V eingestellt. Die Lichtmarke des Galvanometers wird auf die Zahl 0,5 oder 1 cm des Spaltes des photographischen Zylinders gerichtet, die Lage des photographischen Papiers wird auf die Abszissennummer 0 eingestellt, der den Spalt

---

[1] Da dieser Strom von der Durchströmungsgeschwindigkeit der Capillare stark abhängt, kann auch bei Benutzen einer Apparatur von bekannter Empfindlichkeit die geeignetste Galvanometerempfindlichkeit nur annähernd angegeben werden; sie muß durch eigenes Ausprobieren ermittelt werden.

deckende Schlitz wird geöffnet und die Trommel durch Drücken des Motorhebels in Bewegung gesetzt. Dabei soll auch die Beleuchtungsvorrichtung, durch die die automatische Aufzeichnung von Lichtmarken von 200 zu 200 mV erfolgt, eingeschaltet sein. Es ist vorteilhaft, sofort die Versuchsbedingungen zu notieren, z.B. in unserem Falle:

Polarogramm Nr. 1.   ...., den ....
Kurve 1
Lösung: 0,001 N KCl, offen an der Luft.
Akkumulator: 4 V. Tropfzeit: 3,0 sec. Temperatur: 18,2 °C.

Kurve 1 angefangen von der Abscisse 0, Ordinate 0,5 cm, Spannung 0 V. Empfindlichkeit 1 : 50.

Wie aus der oben angegebenen Beschreibung des Betriebes beim Polarographen zu ersehen ist, verfährt man bei der Photoregistration am geeignetsten nach den folgenden 10 Punkten:

1. Einschalten der Kontakte des Netzstromes und des Akkumulators. Aufhebung des Reservoirs und Einsetzen der tropfenden Capillare in die Lösung. Durchleiten des Gases für 2 bis 5 Minuten.

2. In der Dunkelkammer die Rückseite des photographischen Papiers mit der Nummer des Polarogramms bezeichnen, das Papier (mit der empfindlichen Seite nach außen!) auf der Walze des photographischen Zylinders befestigen und den geschlossenen Zylinder in den Polarographen einsetzen.

3. Einführen der Kontakte zur Kathode und Anode, Kontrolle des richtigen Eintauchens der Capillarmündung und Abstellen der Gasdurchleitung.

4. Einschalten der Beleuchtung des Galvanometerspiegels.

5. Einstellen des Schleifkontakts auf die erforderliche Windung des potentiometrischen Meßdrahtes.

6. Einstellen der erforderlichen Empfindlichkeit.

7. Einstellung der photographischen Trommel auf die gewünschte Abscisse.

8. Einstellen der Lichtmarke auf die gewünschte Ordinate der horizontalen Skala des photographischen Zylinders.

9. Einkuppeln der Meßdrahttrommel, Öffnen des Belichtungsspaltes am photographischen Zylinder und Anstellen des Motors.

10. Bei Beendigung der Kurvenaufnahme zuerst den Belichtungsspalt schließen, den Schleifkontakt vom Draht entfernen und dann den Motor, und die Beleuchtung abschalten.

Nach der ersten Aufnahme unserer Lösung soll die Kurve noch ein- oder zweimal – von der ersten oder zweiten Abscisse angefangen – wiederholt werden, damit man sich von der Reproduzierbarkeit der Kurvenzeichnung überzeugt und an die Bedienung der Registrierung gewöhnt. Die Abscissenmarkierung unterbleibt bei der zweiten Kurve. So erhält man das in Abb. 51 wiedergegebene Polarogramm. Man beachte das diskontinuierlich abfallende Maximum der Sauerstoffreduktion, an welchem sich die richtige Dämpfung des Galvanometers zeigt. Wäre das Galvanometer ungenügend gedämpft, bekäme man beim jähen Abfall des Stromes

Oscillationen wie in Abb. 52a. Ein überdämpftes Galvanometer zeichnet ein Maximum, wie es die Kurve b anzeigt, wogegen die richtige, mit einem aperiodisch gedämpften Galvanometer erhaltene Form in c vorliegt.

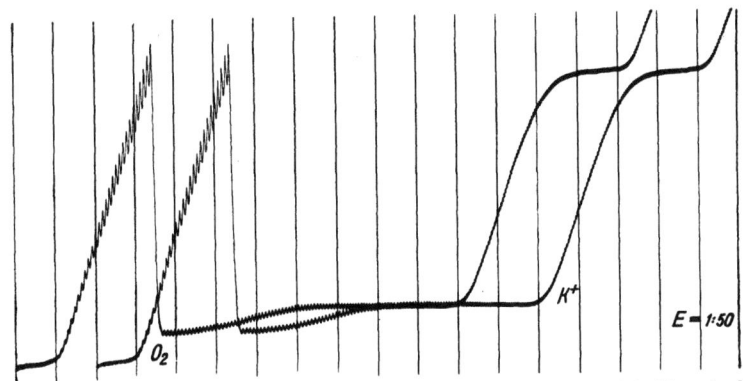

Abb. 51. Ein Probepolarogramm mit 0,001 N KCl offen an der Luft mit Empf. 1:50 zweimal aufgenommen (4-V-Akkumulator)

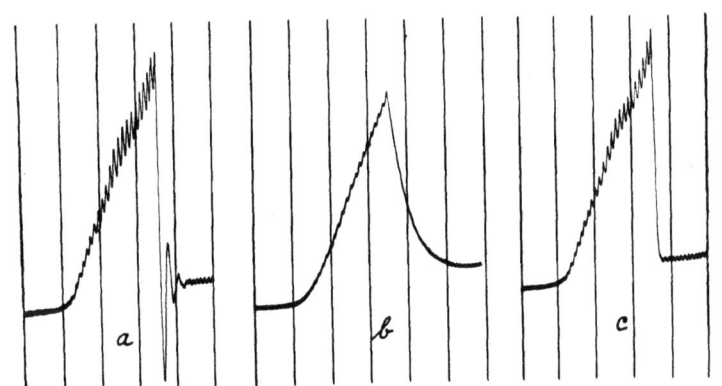

Abb. 52. Das Luftsauerstoffmaximum mit a) ungedämpfter, b) überdämpfter und c) kritisch gedämpfter Schwingung des Galvanometerspiegels aufgenommen

Ein anderes Polarogramm soll übungsweise zur Aufnahme der Kurven mit verschiedenen Empfindlichkeiten gemacht werden. Die Kurven können beim gleichen Punkt des photographischen Papiers anfangen (z. B. bei der Abscisse 0, Ordinate 0,5 cm, Spannung 0 V) und mit Empfindlichkeiten 1:50, 1:70, 1:100, 1:150 aufgenommen werden. Aus dieser Übung ersieht man, daß die Kurven derselben Lösung, mit verschiedenen Empfindlichkeiten auf einem Polarogramm aufgenommen, sich nicht kreuzen können.

Ein weiteres Polarogramm soll die sehr oft in der Polarographie benutzte Absorption des in der Lösung anwesenden Luftsauerstoffes mittels Natriumsulfits veranschaulichen. Man registriere als erste Kurve jene der 0,001 N KCl-Lösung und gebe dann tropfenweise eine frisch zubereitete etwa 1%ige Natriumsulfitlösung zu. Nach jedem Tropfen und tüchtigem

Umrühren wird die Kurve von Abscisse 0 und Spannung 0 V registriert und das Zutropfen solange fortgesetzt, bis der Sauerstoffstrom (Abb. 53) vollständig verschwindet. Wegen der größeren Konzentration des Natriums und der Sulfitionen nach Zugabe des Sulfits wird in den zuletzt aufgenommenen Kurven die Zersetzungsspannung der Lösung herabgesetzt, sowie das Bodenpotential verschoben.

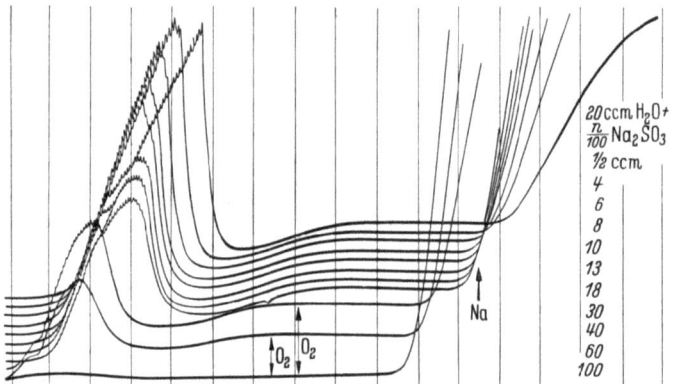

Abb. 53. Entfernen des Luftsauerstoffs mittels Zugaben einer Sulfitlösung. $E = 1 : 20$, 4-V-Akkumulator

Mit der 0,001 N KCl-Lösung kann man sich nun von der Wirkung einer Filtration durch ein gewöhnliches Filtrierpapier überzeugen. Man filtriert die zur Aufnahme der Kurve erforderlichen 10 ccm wiederholt und nimmt mit derselben Empfindlichkeit wie in Abb. 20 auf. Am Polaro-

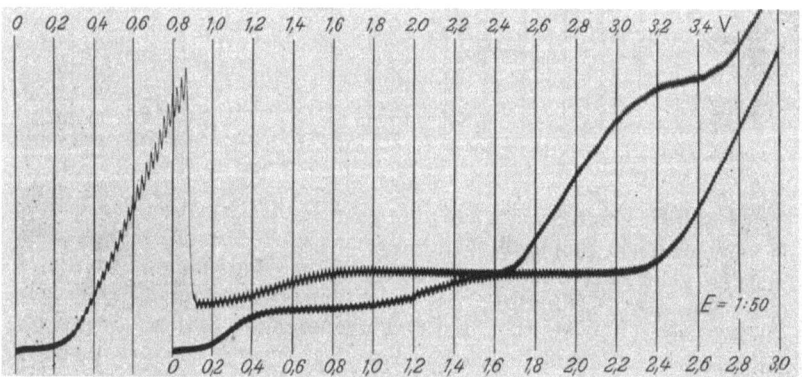

Abb. 54. Kurven einer 0,0014 N KCl-Lösung nach Filtrieren *1*. durch einen Sinterglasfilter und *2*. durch ein gewöhnliches Filtrierpapier. $E = 1 : 50$, 4-V-Akkumulator

gramm (Abb. 54) erscheint das Maximum des Luftsauerstoffs zum größten Teil oder ganz – nach der Sorte des Papiers und je nachdem ob man einmal oder mehrere Male filtriert – unterdrückt; der Diffusionsstrom des

Sauerstoffs bleibt dagegen unverändert. Die Stufe des Alkalimetalls ist aber undeutlich geworden. Wenn man dagegen durch einen Sinterglasfilter (z.B. Schott u. Gen. 3, G. 4) filtriert, bleibt die Lösung polarographisch unverändert (Kurve 1, Abb. 54). Diese Wirkung ist leicht erklärbar. Die Maxima sind nämlich durch Wirbeln des Elektrolyten um die tropfende Elektrode verursacht. Durch Filtration werden aus dem Filtrierpapier hochmolekulare Stoffe, wie Oxydationsprodukte oder Klebstoffe herausgelöst, die oberflächenaktiv sind und durch Adsorption an der Elektrodenoberfläche das Strömen des Elektrolyten bremsen. Dieser Versuch zeigt, daß es nicht gleichgültig ist, ob man sich bei der Vorbereitung der zu untersuchenden Lösungen einer Filtration bedient oder nicht, denn es zeigen sich dann neben der Unterdrückung der Maxima unerwünschte Veränderungen und Störungen bei der Abscheidung von Alkalimetallen.

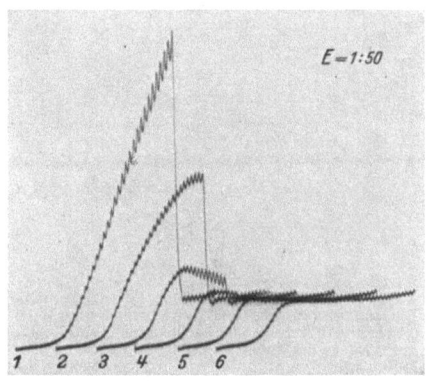

Abb. 55. Unterdrücken des Luftsauerstoffmaximums mittels Zugaben von Gelatinelösung. Zu 10 ccm 0,0014 N KCl wurden 1. zwei, 2. vier, 3. sechs, 4. acht, 5. zehn Tropfen einer 0,05% Gelatinelösung zugegeben. $E = 1:50$, 4-V-Akkumulator

Da es sich bei den polarographischen Bestimmungen meistens nur um Messungen der Diffusionsströme handelt, ist man bestrebt, die Maxima zu unterdrücken. Das gelingt am besten durch Zugabe von oberflächenaktiven Substanzen, z.B. einigen Tropfen einer 0,5%igen Gelatinelösung. Um diese unterdrückende Wirkung zu verfolgen, nimmt man noch einmal das Maximum des Luftsauerstoffs in der 0,001 N KCl-Lösung auf und wiederholt die Aufnahme nach Zugabe von je 2 Tropfen, bis das Maximum verschwindet (Abb. 55).

Nach diesen Übungen, welche nur zur Einführung dienen, sollen im folgenden verschiedene Arten der Handhabung und Vorbereitung von Lösungen beim Durchführen der polarographischen Bestimmungen beschrieben werden. Zunächst seien jedoch noch einige störende Einflüsse erörtert.

XV. Die Ursachen von Störungen des Kurvenverlaufs

Beim Polarographieren kommt es vor, daß die aufgenommenen Kurven Unregelmäßigkeiten zeigen, welche sich vom gewöhnlichen Verlauf der Kurve auffällig unterscheiden, oder daß auch bei den größten Empfindlichkeiten die Kurven sehr in die Länge gezogen werden oder überhaupt keinen Anstieg zeigen, wie Abb. 56 zeigt. Die Ursachen solcher Störungen sind gewöhnlich die folgenden:

Wenn man statt der richtigen Kurve 1 eine ausgedehnte Kurve 2 oder eine Gerade 3 erhält, ist es ein Zeichen schlechter Leitung des Stro-

52 Meßanordnungen

mes. Da suchen wir den Widerstand, falls die Lösung genügend elektrolytisch leitend ist, an den Kontakten und Zuleitungsdrähten zum Akkumulator, überzeugen uns von der Richtigkeit der Platin- und Quecksilberkontakte an der Kathode und Anode und probieren, ob das Galvanometer mit dem Nebenschluß entsprechend empfindlich ist.

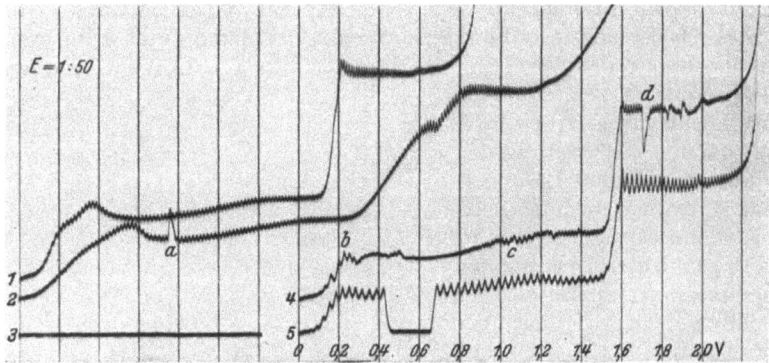

Abb. 56. Störungen, welche beim Polarographieren vorkommen können: Kurven einer offen an der Luft aufgenommenen 0,1 N LiCl, 0,001 N Mn Cl$_2$-Lösung. *1.* normale Kurve; *2.* mit großem Widerstand (etwa 20000) infolge eines schlechten Kontaktes in der Zelle; bei *a* entstand ein schlechter Kontakt am Anfange des potentiometrischen Meßdrahtes; *3.* bei einem unterbrochenen Kontakt; *4.* bei *b* und *c* Durchleiten von Stickstoff und bei *d* schlechter Kontakt am Ende des Meßdrahtes; *5.* bei langsamem Tropfen, wenn im Bereiche der größten Oberflächenspannung das Tropfen aufhört

Wenn alles in Ordnung zu sein scheint und der Strom trotzdem nicht durchfließen kann, überzeugen wir uns mit einem kleinen Handvoltmeter entlang der Zuleitungsdrähte, von den Klemmen des Akkumulators angefangen bis an die Kontakte der Quecksilberelektroden, ob überall die abgezweigte Spannung herrscht. Es kommt vor, daß die in das Quecksilber tauchenden Enden der Zuleitungsdrähte fettig oder korrodiert sind und dadurch hohen Widerstand leisten. Wenn auch nach Reinigen dieser Kontakte die Stromleitung nicht hergestellt ist, kann der Fehler an einem schlecht eingeschmolzenen oder abgebrochenen Platinkontakt liegen. Oft verursacht eine Luftblase in den Quecksilberkontaktröhrchen oder im Gummischlauch des Behälters die Stromunterbrechung. Das letztgenannte Hindernis wird durch einfaches Schütteln des Schlauches entfernt.

Es kommt auch vor, aber nur selten, daß adsorptive Stoffe, z. B. Eiweißstoffe, oder Anionen, welche mit Quecksilber unlösliche Salze bilden, die ruhende Anode mit einer isolierenden Schicht bedecken. Dieser Übelstand wird durch Umrühren beseitigt, jedoch nicht dauernd; in solchem Falle soll die unpolarisierbare Elektrode von der Lösung getrennt werden (S. 12) oder eine zweite tropfende Elektrode als Anode benutzt werden.

Nach Anwendung von großen Stromstärken beobachtet man manchmal an der Capillare, daß die Tropfenbildung ausbleibt und das Quecksilber in sehr dünnem, kaum sichtbarem Strahl aus der Capillare rinnt. Dies wird durch Gasblasen, welche sich in der Capillare durch Elektrolyse gebildet haben, oder durch andere an der Mündung haftende Produkte verursacht. Es genügt dann meist, die Capillare stark zu schütteln oder die Mündung mit Filtrierpapier abzuwischen. Wenn dadurch die Störung noch nicht behoben wird, soll die Capillarmündung in konzentrierte Salpetersäure (1:1) getaucht, das Tropfen durch Verminderung des Quecksilberdruckes auf kurze Zeit eingestellt und dieselbe Spülung mit destilliertem Wasser durchgeführt werden. Sollte es trotzdem nicht gelingen, auf diese Weise den Fremdkörper aus der Mündung der Capillare zu entfernen, muß die Capillare aus dem Schlauch bei hochgehobenem Ende herausgezogen, das Quecksilber aus der Capillare herausgeklopft und diese durch einen Strom von Salpetersäure und Wasser – wie auf S. 6 angegeben – gereinigt werden. Falls wir keinen Vorrat an Capillaren haben, und wenn eine Fortsetzung der Messungen mit genau derselben Capillare nötig ist, genügt es, die Capillare etwa 1 cm vom Ende mit dem Glasmesser anzuschneiden und mit flacher Zange abzubrechen; selbstverständlich muß die Höhe des Quecksilberbehälters entsprechend zugerichtet werden.

Der horizontale zackenlose Teil der Kurve 5 zeigt, daß das Tropfen aufgehört hat; dies geschieht bei langsamem Tropfen (bei niedrigem Quecksilberdruck), wenn die tropfende Elektrode zu der Spannung polarisiert wird, bei welcher sie den Höchstwert erreicht. Solche Kurven muß man mit höherem Niveau des Quecksilbers im Behälter wiederholen.

Die Unregelmäßigkeiten an den Kurven werden durch schlechtes Aufliegen des Schleifkontakts auf dem Meßdraht oder durch schlecht aufliegende bzw. verunreinigte Seitenkontakte, welche den Strom dem Meßdraht zuführen, verursacht. Man kann auch herausfinden, um welchen der Seitenkontakte es sich hier handelt, denn bei Störung des Kontakts vor dem Anfang des Meßdrahts wirkt auf die elektrolytische Zelle die ganze EMK des Akkumulators, und der Strom steigt daher plötzlich (Abb. 56, Kurve 2 bei a); dagegen bewirkt eine Störung des Kontakts beim Ende des Meßdrahts eine Unterbrechung des Stroms und daher einen Galvanometerausschlag gegen Null (Kurve 4 bei d). Man reinigt dann die Reibungskontakte mit Benzin und schmiert sie mit einer sehr dünnen Schicht von Knochenöl.

Das beste Mittel zum Reinhalten der Reibungskontakte ist eine womöglich tägliche Benutzung des Polarographen, da sich die Kontakte bei stetiger Reibung rein und glatt erhalten.

Auch Erschütterungen des Fußbodens oder der Wände verursachen selbstverständlich Störungen durch Zittern des Galvanometerspiegels, ebenso wie unregelmäßiges Abtropfen des Quecksilbers. Es empfiehlt sich deswegen, einen ruhigen Platz im Laboratorium für die Aufstellung der Apparatur zu wählen und beim Polarographieren möglichst leise aufzutreten.

Durchleiten der Gase verursacht Bewegungen der Flüssigkeit und ruft dadurch Störungen im Abtropfen des Quecksilbers hervor (Abb. 56, Kurve 4). Deswegen muß während der Kurvenaufnahme die Gaszuleitung – falls sie nicht oberhalb der Oberfläche der Lösung geht – gut abgesperrt sein.

Zweiter Teil

Polarographische Bestimmungen

Einleitung

Bei polarographischen Bestimmungen muß der Analytiker einige Bestandteile berücksichtigen, welche bei den gewöhnlichen Analysen unbeachtet bleiben. Obzwar solche in den speziellen Anleitungen unten angeführt werden, empfiehlt es sich, schon hier allgemein auf dieselben hinzuweisen.

Es ist erstens der Luftsauerstoff, welcher in jeder wäßrigen Lösung bei Zimmertemperatur zu etwa 8 mg je Liter (also millinormal) gelöst ist und bereits bei kleinen Spannungen die früher schon beschriebenen (S. 8) zwei Stufen verursacht. Falls es sich nicht um seine Bestimmung handelt und große Empfindlichkeit angestrebt wird, muß Sauerstoff, wie auf S. 8 angeführt, aus der Lösung entfernt werden. Die Regeln, nach denen man Lösungen von Sauerstoff befreit, sind auf S. 17ff. gegeben.

Manche Depolarisatoren, die bei negativeren Potentialen als $-1,3$ V Stufen verursachen, wo der konstante Diffusionsstrom des Sauerstoffs bereits erreicht ist, können auch in Anwesenheit von Luft bestimmt werden. Allerdings muß dabei beachtet werden, daß die Oberfläche des Tropfens infolge der Sauerstoffreduktion alkalisch reagiert, so daß z.B. Mangan(II)-Salzlösungen teilweise niedergeschlagen würden. Meistens ist es vorteilhafter, ohne Luftzutritt zu polarographieren. Die Capillare führt dabei durch einen dicht an die Öffnung des Gefäßes anliegenden Gummistöpsel. Ein anderer Bestandteil, welcher die Bestimmung von einigen Metallen, wie von Ni, Co, Mn, Al, alkalischen Erden und Alkalien, stört, sind freie Wasserstoffionen, denn sie werden in 1 N Säuren bei $-1,2$ V abgeschieden und verursachen manchmal auch bei positiveren Potentialen Wasserstoffabscheidung durch Katalyse.

Je nach Vorschrift muß der zu analysierenden Lösung ein bestimmter p_H-Wert erteilt werden. Auch einige Anionen können störend wirken, wie z.B. Nitrationen, welche oft bereits bei $-1,2$ V, also bei Bestimmungen von Kationen, eine Stufe verursachen. Den Bestimmungen von Chloridionen stellt sich in den Weg eine Stufe der Hydroxylionen, falls die Lösung alkalisch ist. Es gilt in der Polarographie ganz allgemein, daß bei Überschuß von unedleren Bestandteilen nur die edleren mit höchster Empfindlichkeit bestimmt werden können. Man kann z.B. mit hoher Empfindlichkeit Spuren von Cu in Cd, Zn, Ni, Al, von Cd in Zn, Al, von Zn in Al, nicht aber etwa Spuren von Zn in Cu, Cd, oder von Al in Zn bestimmen. Man findet aber oft Kunstgriffe, mittels welcher die Lösung so vorbereitet wird, daß auch einige unedle Bestandteile im Überschuß von edleren mit der höchsten polarographischen Empfindlichkeit bestimmbar sind, hauptsächlich benutzt man selektive Komplexbildner, welche die Stufen edlerer Bestandteile zu negativen Potentialen verschieben oder aus dem Polarogramm entfernen. Hierher gehört die Bestimmung von Spuren Cd in Cu (S. 72) mittels Zugabe von Cyankali und von Spuren Na in Al durch Bereiten einer Aluminatlösung.

Der polarographisch zu analysierende Stoff wird daher nur in gewissen vorher ausprobierten Gemischen vorschriftsmäßig aufgelöst. Dabei muß der Stoff in echte Lösung gelangen, da Kolloide meist keine oder eine nur undeutliche polarographische Wirkung ausüben. Wegen der großen Empfindlichkeit der Methode wird die vorliegende Flüssigkeit nicht direkt analysiert, sondern man mischt sie vorteilhaft mit einer vorgeschriebenen „Grundlösung". Der Zweck der Grundlösung ist auf S. 21 erklärt.

Die folgenden Aufgaben sollen genau nach der Vorschrift durchgeführt werden. Wo genügend inertes Gas zur Verfügung steht, kann in allen Bestimmungen der Luftsauerstoff beseitigt werden, man lernt jedoch mehr, wenn man auch auf andere Weisen den Sauerstoff entfernen hilft.

I. Die Lösung in Gegenwart von Luftsauerstoff wird offen im Becher untersucht

1. Metallabscheidung

Man wiederhole zunächst mit der selbsttätigen Aufzeichnung die Stromspannungskurven zur Bestimmung der Alkalimetalle, wie auf S. 9 angegeben wurde.

Bestimmung von Spuren Barium in Strontiumpräparaten. Man stellt eine gesättigte Lösung von reinem Strontiumhydroxyd in etwa 10 ccm Wasser mit Überschuß von fester Phase her und gießt die Lösung nach tüchtigem Umrühren in ein Reagensglas, damit sich die trübe Lösung absetzt. Nach ungefähr 1 Stunde Stehen pipettiert man 5 ccm der klaren Lösungsschicht in ein kleines, enges Becherglas, versetzt mit Bodenquecksilber, Kontaktröhrchen und Capillare und nimmt die Kurve mit 1 : 40 bis 1 : 20 Empf. von 1,2 V Spannung an, auf. Da bei dieser Empfindlichkeit und Spannung der Sauerstoffdiffusionsstrom bereits einen ziemlich großen Galvanometerausschlag verursacht, muß man den Polarographen nach rechts verschieben bis sich die Lichtmarke am linken Anfang der horizontalen Spalte am photographischen Papier befindet. Drehen der Scheibe, auf welcher der Galvanometerspiegel befestigt ist, ist zu verhüten, denn durch diese Drehung kann die Linearität des Galvanometerganges entstellt werden (wie z.B. auf S. 46 angegeben). Man kann auch mittels eines Gegenstromes den Galvanometerspiegel in die erwünschte Lage bringen.

Die Kurve zeigt bei der Spannung 1,8 V eine Stufe der Ba^{2+}-Ionen (Kurve *1*, Abb. 57). Davon überzeugt man sich durch eine Zugabe von 0,15 (bis 0,30) ccm 0,01 N $BaCl_2$, nach welcher Kurve *2* eine Erhöhung der Stufe bei 1,8 V Spannung aufweist, und zwar ist sie von 14 auf 24 mm gestiegen. Der zugefügten Menge von $BaCl_2$ entspricht eine Stufenhöhe von 10 mm, wobei die Konzentration der zugefügten Ba^{2+}-Ionen in der Lösung im Verhältnis 0,15 ccm : (0,15 + 5,0) ccm gesunken ist, so daß sie nunmehr $0{,}15 \times 0{,}01$ N $: 5{,}5 = 0{,}00029$ N beträgt (vgl. S. 44 über „Eichzusatz"). Da die Ba-Stufe in der Strontiumhydroxydlösung 14 mm hoch ist, entspricht sie einer $0{,}00029 \times {}^{14}/_{10} = 0{,}00041$ N Konzentration der Ba^{2+}-Ionen, welche die gesuchte Konzentration des Bariums in der gesättigten Lösung des Strontiumpräparates ist

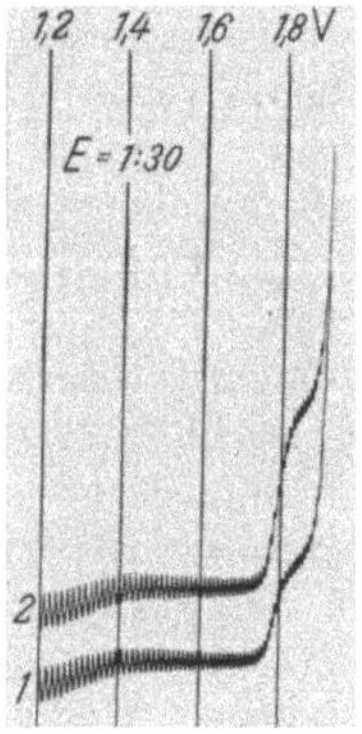

Eine genaue Formel zur Berechnung der gesuchten Konzentration mittels der hier beschriebenen „Eichzugabe" ist auf S. 66 angegeben. Eine solche Zugabe führt also sowohl zur Identifizierung der Verunreinigung, als auch zu ihrer quantitativen Bestimmung.

Die Bestimmung der Alkalien in Verbindungen von Lithium mittels der Ableitungsmethode. Man benutzt die auf S. 38 beschriebene Schaltung von VOGEL und ŘÍHA. Da der Sauerstoff aus der Lösung nicht entfernt ist, sind die Galvanometerschwingungen groß, so daß sie durch Parallelschaltung eines Kondensators von etwa 2500 μF Kapazität gedämpft werden müssen (s. S. 39). Man benutzt eine 0,1 N Lösung von reinem Lithiumsalz (Chlorid oder Hydroxyd), bringt 5 ml in ein kleines Becherglas, bedeckt dessen Boden mit Quecksilber und taucht die Capillarelektrode ein. Man nimmt von 1,6 V mit der Empfindlichkeit $^1/_{10}$ bis $^1/_{20}$ (entsprechend dem Wert des Widerstandes die Kurve auf. Bei der reinen Grundlösung soll erst bei 2,2 V der exponentielle Anstieg beginnen (Abb. 58, Kurve *1*). Dann

Abb. 57. Spuren von Barium in Strontiumhydroxyd. *1*. Gesättigte Lösung von $Sr(OH)_2$ offen an der Luft von 1,2 V Spannung an aufgenommen; *2*. nach Zugabe von 0,15 ccm 0,01 N $BaCl_2$ zu 5 ccm gesättigt. $Sr(OH)_2$

fügt man 0,05 ml einer $5 \cdot 10^{-2}$ N Natrium- oder Kaliumlösung zu und nimmt wieder von 1,6 V auf. Diesmal erscheint vor dem exponentiellen Anstieg ein kleines Maximum des Alkalimetalles (Abb. 58, Kurve *2*). Weitere Zugaben erhöhen das Maximum im linearen Verhältnis. Die Höhen der Maxima trägt man graphisch gegen die entsprechenden Konzentrationen zu einer Eichkurve auf, welche zu Serienanalysen dient. Beim Ausmessen der Höhen der Maxima muß die Höhe der Exponentiellen der reinen Lösung beim entsprechenden Potential abgezogen werden.

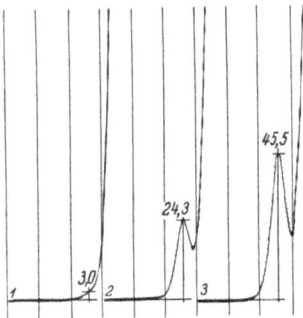

Abb. 58. Bestimmung der Alkalien in 0,05 M LiOH durch Ableitungskurven. Konzentration von NaCl *1*. 0, *2*. 5×10^{-4}, *3*. 10^{-3} M

2. Anorganische Reduktion

Bestimmung des Hydroperoxyds. Man nimmt zuerst als „leere" Lösung 10 ccm einer 1 N Essigsäure, welche 0,5 N KCl enthält, auf, und zwar mit einer solchen Empfindlichkeit (1 : 50), daß die zweite Sauerstoffstufe etwa bis zum Drittel der Papierbreite reicht (Abb. 59). Dann fügt man dreimal nacheinander einige Tropfen einer etwa 0,1%igen H_2O_2-Lösung zu und nimmt jedesmal nach Umrühren auf (Kurven 2 bis 4). Die Berechnung der Konzentration von H_2O_2 im Becherglas erfolgt aus dem Vergleich mit der Stufenhöhe der „leeren" Lösung, denn die Höhe der Doppelstufe des Luftsauerstoffs (h_1) entspricht 8 mg je Liter, d.h. einer 0,00025 M Lösung von O_2. Da H_2O_2 zur Reduktion nur die Hälfte der Elektrizitätsmenge bedarf wie O_2, entspricht eine Stufe h_1 einer Konzentration von H_2O_2 0,0005 M, d.h. 17 mg H_2O_2 je Liter. Wenn nach Zugabe von H_2O_2 der Diffusionsstrom zu h_2 gestiegen ist, dann wird die Konzentration (c) von H_2O_2 im Becher durch den Unterschied h_2-h_1 angegeben, und zwar derart, daß

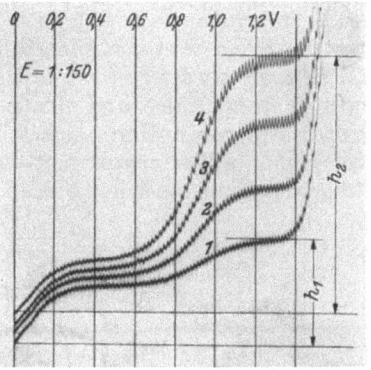

Abb. 59. Bestimmung des Hydroperoxydes. Zu 10 ccm 1 N Essigsäure, 0,5 N KCl wurden 0,2, 5 und 8 Tropfen 1% H_2O_2 zugefügt

$c = \dfrac{h_2 - h_1}{h_1} \times 0{,}0005$ M $H_2O_2 = 0{,}0017 \times \dfrac{h_2 - h_1}{h_1}$ % H_2O_2. Zum Beispiel aus der letzten Zugabe von 8 Tropfen (d.h. 0,4 ccm) zu 10 ccm (Abb. 59, Kurve 4), wenn $h_1 = 28$ mm und $h_2 = 68$ mm ist, erhält man $c = \dfrac{68-28}{28} \times \dfrac{10{,}4}{0{,}4} \times 0{,}0017\%$ = 0,063% H_2O_2 für die ursprüngliche Lösung. Aus dem Verdünnungsverhältnis der Zugabe einer bekannten Menge kann die ursprüngliche Konzentration von H_2O_2 auch genauer berechnet werden (s. S. 65).

3. Organische Reduktionen

Bestimmung von Aldehyden (Abb. 60). Man fügt zu 10 ccm 0,1 N LiOH je 2 Tropfen einer 1%igen Acetaldehydlösung zu und nimmt wiederholt auf. Die Stufe bei 1,7 V Spannung gibt den Acetaldehyd an. Dann kann man zu der letzten Lösung noch einen Tropfen von „Lysoform" (oder 2 Tropfen einer 1%igen Formalinlösung) zugeben, wonach man eine Kurve 3, (Abb. 60) erhält, die außer

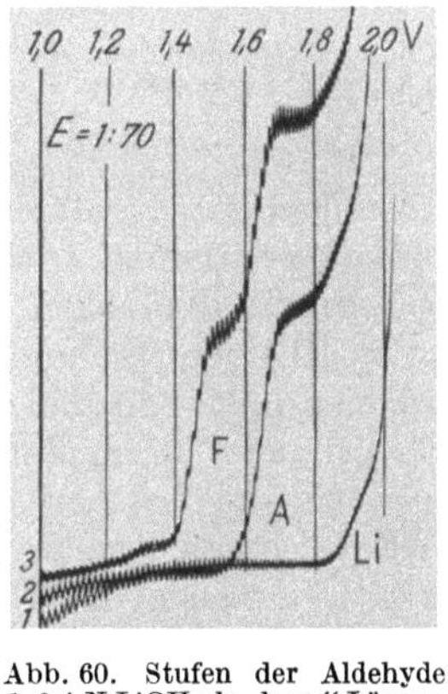

Abb. 60. Stufen der Aldehyde. 1. 0,1 N LiOH als „leere" Lösung; 2. nach Zugabe von 2 Tropfen einer 1%igen Acetaldehydlösung; 3. nach Zugabe von 2 Tropfen einer 1%-Formalinlösung, von 1,0 V Spannung an aufgenommen

der Stufe des Acetaldehyds (bei 1,7 V) noch bei 1,5 V Spannung jene des Formaldehyds aufweist. Die Konzentrationen der Aldehyde werden nach einem der später angegebenen Eichungsverfahren ermittelt (s. S. 61). Es sei hier erwähnt, daß im allgemeinen die besten Stufen erzielt werden, wenn zu 10 ccm 1 Tropfen eines 0,1 N anorganischen oder 0,1 m organischen Depolarisators zugegeben wird. Dies entspricht etwa einer Zugabe von 1 Tropfen einer 1%igen Lösung des Depolarisators zu 10 ccm. Die Stufe des Formaldehyds bietet ein Beispiel des kinetischen Stromes (s. S. 26), wovon man sich leicht durch die Unabhängigkeit ihrer Höhe von der Höhe des Quecksilberbehälters überzeugen kann.

Bestimmung der Fructose in Honig und in Invertzucker. Fructose verursacht in neutralen und alkalischen Lösungen eine Stufe bei $-1,7$ V. Um die Fructose in Honig zu bestimmen, bereitet man eine 1%ige Lösung von Honig in Wasser und fügt von dieser Lösung zu 10 ccm 0,10 N LiCl dreimal nacheinander je 1 ccm zu (Abb. 61). Die „leere" Lösung und die

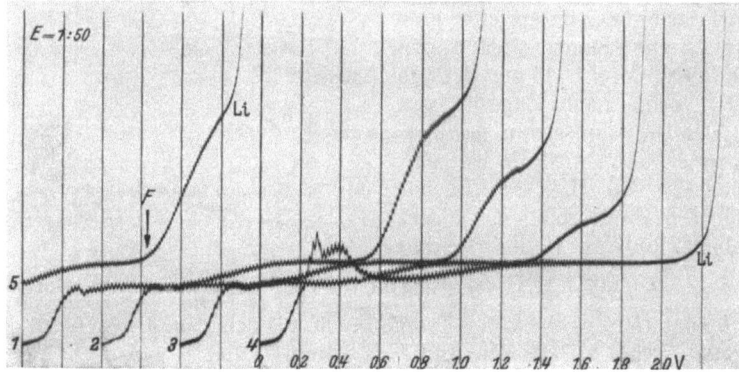

Abb. 61. Bestimmung von Fructose in Honig. Zu 10 ccm 0,1 N LiCl (Kurve *1*) wurden zugefügt, *3*. 1 ccm, *2*. 2 ccm, *1*. 3 ccm einer 1%igen Honiglösung. Zu 10 ccm 0,1 N LiOH wurde 1 ccm invertierter 2%iger Saccharoselösung zugegeben

Lösungen mit Zugaben werden aufgenommen. Um den Gehalt an Fructose zu bestimmen, invertiert man 2 g Saccharose, indem man in einem 100 ccm Maßkölbchen in 20 ccm Wasser den Zucker löst, mit 6 ccm konz. HCl versetzt und zu etwa 65 °C aufwärmt. Nach 15 Minuten Erwärmen läßt man die nun invertierte Lösung auskühlen und füllt mit Wasser zur 100 ccm Marke auf. Von dieser Lösung, welche nun 1% Fructose enthält, fügt man 1 ccm zu 10 ccm 0,1 n LiOH und polarographiert. Der Gehalt an Fructose im Honig wird aus dem Verhältnis der Stufen ermittelt, welche den gleichen Mengen von Invertzucker und von Honig entsprechen; dabei geben die Stufenhöhen des invertierten Zuckers 100% Fructose an. Glucose, die durch die Inversion der Saccharose entsteht, und zwar in derselben Konzentration wie Fructose, bietet einen rein kinetischen Strom, der etwa 200mal kleiner ist als derjenige einer gleichmolekularen Konzentration der Fructose. Den kinetischen Charakter des Stromes der Glucose beweist einerseits seine vollständige Unabhängigkeit von der Quecksilbersäule, anderseits die große Empfindlichkeit gegen Temperaturerhöhung der Lösung (Abb. 29).

Prüfung des Äthers auf Reinheit. Im Äther befinden sich stets Oxydationsprodukte des Luftsauerstoffes, ein peroxydisches und ein aldehydisches, deren Mengen durch ihre polarographischen Stufenhöhen bestimmbar sind (Abb. 62). Wegen der geringen Leitfähigkeit des Äthers schüttelt man ihn mit 0,1 N LiOH und untersucht dann diesen Extrakt. Es genügt, 5 ccm Äther mit 5 ccm 0,01 N LiOH etwa 1 Minute lang zu schütteln und beide Phasen über das Bodenquecksilber in ein kleines Becherglas zu gießen. Die Mündung der Tropfelektrode muß in die wäßrige Phase tauchen. Die Lösung wird offen an der Luft mit kleinerer Empfindlichkeit (etwa 1 : 50) aufgenommen. Die peroxydische Verbindung verursacht eine Stufe bei 1,0 V und die aldehydische bei 1,8 V Spannung. Auf diese Weise untersuche man frisch destillierten Äther (Kurve 2) und käuflichen Äther (Kurve 3).

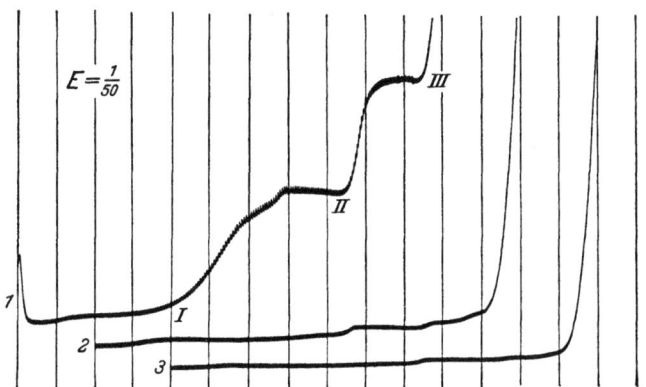

Abb. 62. Prüfung des Äthyläthers auf Reinheit: Eine 0.01 N LiOH-Lösung wurde geschüttelt: *1.* mit käuflichem Äther, *2.* mit frisch destilliertem Äther, *3.* mit reinstem chirurgischen Äther (4-V-Akkumulator)

Eine indirekte Bestimmung von Aceton. Da Aceton keine deutliche Stufe gibt, wird es indirekt durch seine Reaktion mit Sulfit in saurer Lösung bestimmt. Man bereitet zwei Lösungen von Aceton, indem man zu je 20 ccm Wasser in ein Becherglas 3 Tropfen Aceton, in ein anderes 1 Tropfen zufügt. Die erste Lösung wird uns übungsweise als eine genau bekannte, z.B. 1%ige Acetonlösung dienen, in der zweiten ist der Acetongehalt zu bestimmen.

Dazu stellt man eine Lösung von Na_2SO_3 in 0,3 m H_2SO_4 her, so daß die Konzentration von Na_2SO_3 0,25 M ist, und fügt im Verhältnis 1 : 20 0,5% Gelatinelösung zu (d.h. zu 0,025% Gelatine). Als Elektrolysengefäß benutzt man ein enges, hohes (etwa 17 mm) Reagensglas (damit das Entweichen von SO_2 möglichst vermieden wird), fügt 5 ccm der sauren Sulfitlösung und 5 ccm Wasser zu, versetzt mit Bodenquecksilber, Kontakt und der Tropfelektrode und polarographiert offen an der Luft mit einer sehr kleinen Empfindlichkeit von 0,2 V Spannung an (Kurve *1*, Abb. 63). Dann entnimmt man 5 ccm der zu bestimmenden Acetonlösung (mit kleinerem Gehalt), bringt mit 5 ccm der sauren Sulfitlösung in das Elektrolysengefäß und nimmt als Kurve *2* auf. Danach fügt man in das Elektrolysengefäß 5 ccm der bekannten (1%igen) Acetonlösung zu, gibt 5 ccm der sauren Sulfitlösung zu und polarographiert als Kurve *3*. Durch die Verbindung des Acetons mit Sulfit wird die Sulfitstufe entsprechend erniedrigt, wobei eine Erniedrigung von a bzw. b cm (Abb. 63) dem Acetongehalt c bzw. x proportional ist. Es ergibt sich somit für die unbekannte Acetonkonzentration $x = \dfrac{b}{a} c = \dfrac{b}{a} \%$ (wenn $c = 1\%$ ist). Eine einfache Methode zur Bestimmung des Acetons und anderer Carbonylverbindungen besteht in der Überführung derselben durch Ammoniak oder primäre Amine in Imine, die an der tropfenden Elektrode reduzierbar sind [15].

Bestimmung von Spuren Nitrobenzol in Anilin. In käuflichem Anilin befindet sich immer eine Spur von Nitrobenzol (0,00015 bis 0,05%). Um diesen Gehalt polarographisch nachzuweisen, fügt man dem schlechtleitenden Anilin konzentrierte Salzsäure zu, wodurch auch die zur Reduktion des Nitrobenzols erforderlichen H-Ionen reichlich vorhanden sind.

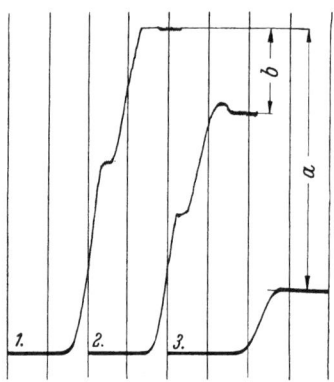

Abb. 63. Indirekte Bestimmung des Acetons. Zu 5 ccm 0,3 m H_2SO_4, 0,25 m Na_2SO_3, 0,025%iger Gelatine wurden *1.* 5 ccm Wasser, *2.* 5 ccm der zu bestimmenden Acetonlösung, *3.* 5 ccm einer Acetonlösung von bekanntem Gehalt zugegeben. Mit Empf. 1 : 3000, 4-V-Akkumulator

In einem kleinen schmalen Gefäß (z. B. Tablettenröhrchen) werden 2 ccm der zu prüfenden Anilinprobe mit 0,5 ccm konzentrierter Salzsäure gemischt, der entstandene Niederschlag wird durch gelindes Schütteln aufgelöst, die Lösung durch Abkühlen mit Wasser auf Zimmertemperatur gebracht, eine etwa 5 mm hohe Quecksilberschicht am Boden eingegossen, die Platinkontakte eingeführt und die Lösung von 0,2 bis zu 0,6 V Spannung aufgenommen (Abb. 64).

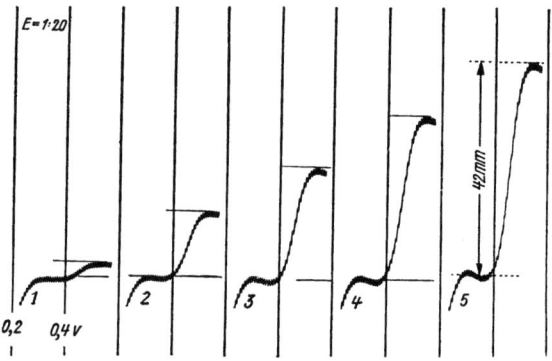

Abb. 64. Spuren von Nitrobenzol in Anilin. Die Stufen entsprechen *1.* 0,00015; *2.* 0,00065; *3.* 0,00115; *4.* 0,00167; *5.* 0,00215% Nitrobenzol

Wenn die ganze Stromspannungskurve aufgenommen wird, zeigt sich die bereits von Spannung Null aufsteigende Sauerstoffstufe, welcher bei

0,45 V die Nitrobenzolstufe folgt. Da jedoch die Sauerstoffstufe nie die Größenordnung der Nitrobenzolstufe übertrifft, stört die Anwesenheit von Luft nicht. Als Höhe der Nitrobenzolstufe wird die senkrechte Entfernung zwischen den beiden waagerechten Teilen der Kurve vor und nach der Stufe gemessen. Dabei empfiehlt es sich, die waagerechten Linien durch die oberen Spitzen der Oscillationen der Kurve zu legen (Abb. 64).

Die Konzentration wird wieder an der Hand einer Eichkurve ermittelt (s. weiter unten).

4. Organische Oxydation

Eichkurve zur Bestimmung der Ascorbinsäure – kathodisch-anodische Polarisation – Pufferlösung. Oben wurde mehrmals darauf hingewiesen, daß in der Polarographie genaue quantitative Bestimmungen mittels Eichkurven durchgeführt werden.

Es soll nun an einem Eichpolarogramm die Ermittlung dieser Kurve erklärt werden. Die Eichkurve ist ein Diagramm (Abb. 65), in welchem die experimentell erhaltenen Stufenhöhen als Ordinaten gegen die entsprechenden Konzentrationen des Depolarisators an den Abscissen aufgetragen sind. Das Prinzip der Bestimmung besteht darin, daß man die Stufenhöhe des Depolarisators von unbekannter Konzentration als eine Ordinate der Eichkurve feststellt und die ihr entsprechende Konzentration an der Abszisse abliest. Dabei muß die zu untersuchende Lösung mit derselben Capillare, unter genau denselben Tropfbedingungen, derselben Temperatur und womöglich derselben Zusammensetzung der Lösung wie bei der Eichkurve polarographiert werden.

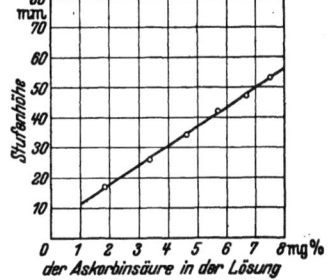

Abb. 65. Eichkurve zur Bestimmung der Ascorbinsäure

Die Stufen der Oxydation zeichnen sich in Gegenrichtung zu den Reduktionsstufen auf, d. h. gemäß unserer Registrierungsweise, unter der Galvanometernullinie. Die in Abb. 66 gegebenen Kurven wurden mittels Umkehrung des durch das Galvanometer fließenden Stromes erhalten. Die Bestimmung von Ascorbinsäure beruht darauf, daß sie sich an der tropfenden Quecksilberanode oxydiert. Da jedoch die Oxydationsstufe der Ascorbinsäure dicht bei der Spannung Null anfängt und wegen Anwesenheit von Luft in die kathodische Reduktionsstufe des Sauerstoffs übergeht, wird die Kurve anschaulicher, wenn man sie kathodisch-anodisch (s. S. 36) aufnimmt.

Dazu benutzt man die oben beschriebene kathodisch-anodische Schaltung. Falls eine gesonderte Bezugselektrode benutzt werden kann, wählt man die Mercurosulfatelektrode und polarisiert die tropfende Quecksilberelektrode kathodisch von EMK gleich Null.

Was die Grundlösung der Ascorbinsäure (Vitamin C) anbelangt, muß sie – um die Oxydation durch Luft möglichst zu verhüten – einen p_H-

Wert zwischen 5 und 6 haben. Dazu eignet sich, nach K. SCHWARZ, ein Puffergemisch von gleichen Teilen einer 1 M Essigsäure und 1 M Natriumacetatlösung. Mit dieser Lösung werden zur Vitamin-C-Bestimmung die Fruchtsäfte gemischt oder die Früchte extrahiert. Zur Aufnahme des Eichpolarogramms bereitet man eine frische Lösung von 10 mg käuflicher Ascorbinsäure auf 50 ccm der Pufferlösung. Zuerst nimmt man 10 ccm der „leeren" Pufferlösung kathodisch-anodisch auf (Kurve 1, Abb. 66). Dabei fängt man mit der kathodischen Polarisation womöglich dicht bei Nullage der Spannung an, da sonst ein großer Ausschlag des Galvanometers wegen des Sauerstoffstroms entsteht, und läßt die Spannung über Null zur anodischen Polarisation der Tropfelektrode anwachsen. Dann

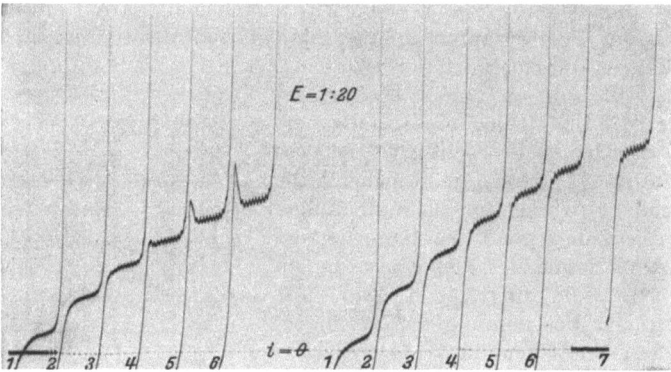

Abb. 66. Eichpolarogramm zur Bestimmung der Ascorbinsäure. Zu 10 ccm 0,5 N Essigsäure, 0,5 N Natriumacetat werden 1. 0, 2. ein, 3. zwei, 4. drei usw. 7. sechs ccm einer 20 mg-%igen Lösung von Ascorbinsäure zugegeben. Links ohne Gelatine, rechts nach Zugabe von 3 Tropfen 0,5% Gelatine (in 0,5 N Na$_2$SO$_4$) zu 10 ccm der Pufferlösung

fügt man zu den 10 ccm der Pufferlösung je 1 ccm zu und nimmt nach jeder Zugabe, wie bei der ersten Kurve, kathodisch-anodisch auf. Die Kurven zeigen reine Diffusionsströme nur, wenn zur Lösung Gelatine (etwa 3 Tropfen der 0,5%igen Lösung) zugefügt wurden. Sonst erhält man Maxima (Abb. 66, links), bei denen jedoch die Stufenhöhen ebenso groß wie mit Gelatine sind.

Zuletzt wird die Nullinie aufgenommen, indem man den Elektrolysenstrom an irgendeiner Stelle (z. B. am Schleifkontakt des Meßdrahts oder beim Schalter der Polarisation) unterbricht und so bei rotierender Photowalze einen geraden Strich auf dem Photopapier zeichnet. Falls man sich nicht des kathodisch-anodischen Übergangs bedient und die Tropfelektrode nur anodisch von Null an polarisiert, fängt die Kurve über der Nullinie an (Kurve 7, Abb. 66), wobei aber derselbe Diffusionsstrom erreicht wird wie bei der kathodisch-anodischen Polarisation.

Zur Eichkurve mißt man die Stufenhöhen des Eichpolarogramms von der Nullinie und trägt sie in das Diagramm (Abb. 65) ein.

Bei den Angaben der Konzentrationen muß man darauf achten, daß durch eine Zugabe von n ccm zu 10 ccm das Volumen auf 10 + n ccm

Die Lösung in Gegenwart von Luftsauerstoff wird offen im Becher untersucht 63

steigt. Da die ursprüngliche Ascorbinsäurelösung 20 mg-% enthält, wird nach Zugabe von n ccm der Gehalt an Ascorbinsäure in der Lösung zu $\frac{n \times 20}{10 + n}$ mg-%.

5. Katalysierte Wasserstoffabscheidung

Es gibt Körper, welche dadurch depolarisierend wirken, daß sie an der Kathode eine Wasserstoffabscheidung veranlassen. Dazu genügen oft sehr geringe Mengen eines solchen Stoffes, der darum als Katalysator zu betrachten ist, und die entsprechende Elektrodenreaktion, welche zur Wasserstoffabscheidung führt, wird als eine katalysierte bezeichnet. Zu den wichtigsten und empfindlichsten von diesen gehören die Bestimmungen von Cystin und Eiweiß, welche hier angegeben werden.

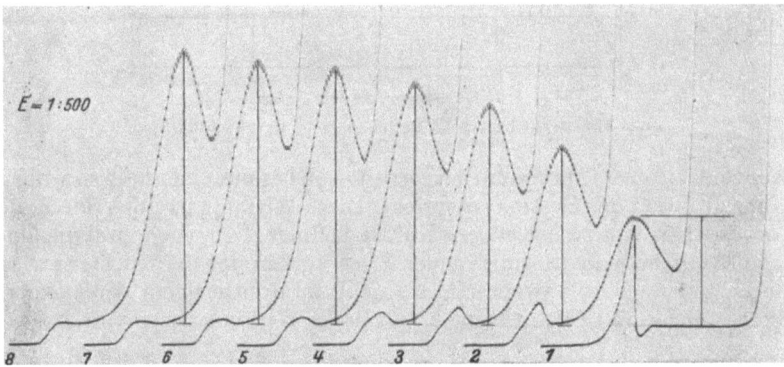

Abb. 67. Eichpolarogramm zur Bestimmung des Cystins. Die Maxima entsprechen *1*, 0, *2*. 4,88, *3*. 9,54 *4*. 13,94, *5*. 18,18, *6*. 22,22, *7*. 26,14, *8*. 33,33 × 10^{-6} M Cystin. Die Lösung enthält 0,002 N $CoCl_2$, 0,1 N NH_3, 0,1 N NH_4Cl. Die Kurven sind von 0,8 V an aufgenommen

Herstellung eines Eichdiagramms für Cystinbestimmungen. Dazu sind je etwa 100 ccm der folgenden Lösungen erforderlich: 0,01 N $CoCl_2$, 1 N NH_4Cl, 1 N NH_3. Man bereitet eine 0,01 m Cystinlösung in 1 N NH_3, indem man 24 mg in 10 ccm auflöst. Nun pipettiert man nacheinander in ein Reagensglas: 0,4 ccm der Cystinlösung, 4 ccm 0,01 N $CoCl_2$, 2 ccm 1 N NH_4Cl, 1,6 ccm 1 N NH_3 und 12 ccm Wasser. In offenem Elektrolysenbecher bereitet man dasselbe Gemisch, jedoch ohne Cystin, also 4 ccm 0,01 N $CoCl_2$, 2 ccm 1 N NH_4Cl, 2 ccm 1 N NH_3 und 12 ccm Wasser, führt die Elektroden ein und nimmt die „leere" Lösung mit einer Empfindlichkeit von etwa 1 : 500 auf (Abb. 67). Diese Kurve zeigt nur das Maximum und den Diffusionsstrom der Kobaltabscheidung. Dann fügt man je 0,5 ccm der Cystinlösung zu der Lösung im Elektrolysengefäß und nimmt diese nun 5 × 10^{-6} M Cystinlösung auf. Am Diffusionsstrom der Kobaltabscheidung entsteht bei 1,6 V Spannung durch die Cystinkatalyse ein rundes Maximum. Bei weiteren Zugaben von je 0,5 ccm der Cystinlösung können die Kurven von 0,8 V an aufgenommen werden. So erhält man das Eichpolarogramm Abb. 67. In der Eichkurve (Abb. 68) sind die Höhen des Maximums gegen die Konzentrationen aufgetragen. Die katalytische Wirkung wird der S-Gruppe zugeschrieben, weswegen Cystein – welches im Molekel nur eine solche Gruppe enthält – in gleichmolarer

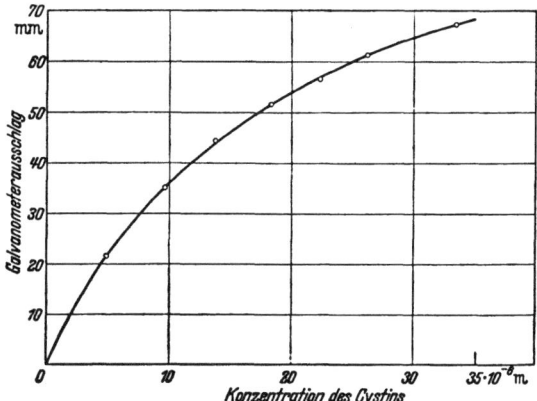

Abb. 68. Eichkurve zur Bestimmung des Cystingehalts

Konzentration ein Maximum hervorruft, welches nur einer halb so großen Konzentration des Cystins entspricht. Diese Wirkung ist auch durch die Anwesenheit von zweiwertigem Kobalt bedingt. Deswegen muß die ammoniakalische Kobaltlösung immer frisch vorbereitet werden, sonst wird durch Luftsauerstoff zweiwertiges Kobalt zu dreiwertigem Kobalt oxydiert, welches mit Cystin keine katalytische Wirkung hervorruft.

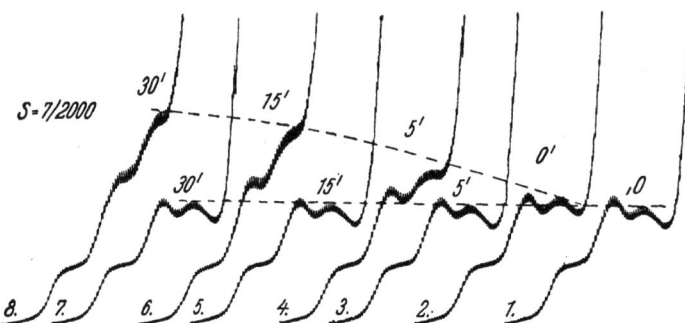

Abb. 69. Verfolgung der proteolytischen Spaltung von Serumeiweiß durch Einwirkung von Pepsin (Kurven 2, 4, 6, 8) mit einem parallelen Blindversuch mit inaktiviertem Pepsin (Kurven 1, 3, 5, 7). Mit $E = 1 : 2000$ von 0,8 V an aufgenommen

Verfolgung der proteolytischen Eiweißspaltung. Zum Unterschied von Cystin wirkt schwefelhaltiges Eiweiß katalytisch sowohl in den Kobalt(II)- wie in den Kobalt(III)-Lösungen von Ammoniak und Ammonchlorid. An der Kurve bildet sich bei 1,6 V die „Eiweißdoppelwelle" (Abb. 69). Man erhält sie in verdünnten Lösungen der gewöhnlichen Proteine wie von Blutserum, Albumin aus Ei, Phytoalbuminen aus Samen u. dgl.

Durch proteolytische Spaltung werden die polarographisch aktiven Gruppen des Eiweißkörpers freigemacht und somit die Eiweißdoppelstufe erhöht. Von der Empfindlichkeit dieser Wirkung überzeugt man sich durch die folgende Untersuchung: Man bereitet eine 0,001 N „Kobalt(III)-Testlösung", indem man 9 mg des Kobaltamins $Co(NH_3)_6 Cl_3$ in 100 ccm 0,1 N NH_4Cl, 0,1 N NH_3 auflöst. Dann löst man in einem Reagensglas 5 mg offizinellen Pepsins in 5 ccm 0,05 N HCl, stellt die Lösung in einen Thermostat bei 40 °C und gibt 0,2 ccm Blutserum zu. Nun fängt die proteolytische Spaltung von Eiweiß an und wird in bestimmten Zeitintervallen polarographisch untersucht. Dazu entnimmt man aus dem Reagensglas je 0,2 ccm, fügt sie in offenem Becher zu 10 ccm der Kobalt(III)-Testlösung, mischt gründlich durch Umrühren mit dem Quecksilberkontaktröhrchen, gießt Bodenquecksilber zu und macht die Aufnahme von 0,8 V Spannung an (Abb. 69). Die erste Kurve erhält man sofort, die anderen in immer größeren Zeiträumen. Man beobachtet ein allmähliches Ansteigen der Eiweißdoppelstufe zu einem Grenzwert. Daß es sich hier wirklich um eine enzymatische Wirkung des Pepsins und nicht um eine saure Denaturierung handelt, beweist man leicht, wenn man die Aktivität des Pepsins vorher durch Hitze zerstört und den Versuch mit diesem inaktivierten Pepsin wiederholt. Die Eiweißwelle bleibt dann unter sonst gleichen Bedingungen unverändert.

Die katalytische Reaktion des Blutserums, die sog. Reaktion von BRDIČKA, hilft in einigen klinischen Diagnosen [16]. Bei Krebserkrankungen ist die katalytische Doppelwelle erhöht, bei Nierenleiden ist sie gegenüber der normalen Höhe erniedrigt. Die BRDIČKA-Reaktion wird heutzutage in der ganzen Welt als eine klinische Standardmethode angesehen.

II. Luftsauerstoff wird in offenem Becher durch CO_2 entfernt

1. Metallabscheidungen

Bestimmungen von Pb^{2+}- und Cd^{2+}-Ionen in 0,1 N HCl durch Eichzusatz. 10 ccm 0,1 N HCl werden in offenem Becher mit Bodenquecksilber versetzt, die Tropfelektrode und der Bodenkontakt eingestellt und ein reger Strom von CO_2 wird 2 bis 3 Minuten lang durch die Lösung geleitet. Dann wird die Kurve dieser nun von Luft befreiten „leeren" Lösung aufgenommen (Abb. 70). Nun fügt man einen Tropfen einer gesättigten $PbCl_2$-Lösung, ebensoviel einer 0,1 N $CdCl_2$-Lösung und 4 Tropfen einer 0,5%igen Gelatinelösung (in 0,5 N HCl) zu und leitet von neuem CO_2 durch. Die Kurve zeigt zwei Stufen, von denen die bei 0,5 V den Pb^{2+}-Ionen und jene bei 0,65 V den Cd^{2+}-Ionen entspricht. Um den Gehalt quantitativ zu bestimmen, könnte man sich einer Eichkurve bedienen. Diese aber gibt den Gehalt ganz genau nur bei der Temperatur an, welche jener der Herstellung des Eichdiagramms entspricht. Ein Temperaturunterschied von 1 °C verursacht eine Differenz von 1,6% in der Bestimmung des Gehalts. Ist also eine noch höhere Genauigkeit angestrebt (bei welcher man jedoch nicht unter 0,8% kommen kann), muß man vor dem

Polarographieren die zu untersuchende Lösung in einem Wasserbad oder im Thermostaten zu der erforderlichen Temperatur erwärmen.

Den Temperatureinfluß kann man aber beheben, wenn man die Bestimmung mittels eines Eichzusatzes durchführt. Man pipettiert von einer Lösung des zu bestimmenden Bestandteiles (z. B. der Cd^{2+}-Ionen), dessen Konzentration genau bekannt ist, so viel der zu untersuchenden Lösung zu, daß die Stufenhöhe dadurch etwa auf das Zweifache steigt.

Um diese Bestimmung mit unserer Lösung durchzuführen, bedient man sich einer 0,01 N $Cd(NO_3)_2$-Lösung von genau bekanntem Faktor und fügt davon genau 1 ccm der Lösung im Elektrolysenbecher zu. Man

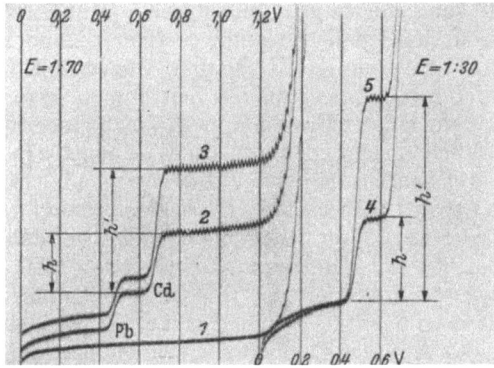

Abb. 70. Bestimmung durch Eichzusatz 1. „leere" Lösung 0,1 N HCl nach Durchleiten von CO_2; 2. mit etwas $PbCl_2$ und $CdCl_2$ versetzt; 3. nach Zugabe von 1 ccm 0,01 N $CdCl_2$ zu 10,3 ccm der Lösung; 4. mit größerer Empf. wiederholt; 5. nach Zugabe von 1 ccm 0,01 N $Pb(NO_3)_2$

leitet CO_2 durch und nimmt auf. Die Aufnahme dieser Kurve (3, Abb. 70) zeigt die erwünschte Erhöhung der Cd-Stufe. Dasselbe wiederholt man mit einer genau bekannten 0,01 N $Pb(NO_3)_2$-Lösung, von welcher man auch genau 1 ccm zufügt. Nach CO_2-Durchleiten polarographiert man wieder, um die Erhöhung der Pb-Stufe festzustellen (Kurven 4 und 5). Damit man die Pb-Stufe besser ausmessen kann, erhöht man die Empfindlichkeit bei den Aufnahmen und nach der Bleizugabe.

Die unbekannte Konzentration der zu bestimmenden Bestandteile in der ursprünglichen Lösung wird folgendermaßen ausgerechnet: Wenn durch die Zugabe von A ccm zu V ccm der Lösung eine h mm hohe Stufe auf h' mm erhöht wird, ergibt sich die Konzentration x des Stoffes vor der Zugabe durch die Formel

$$x = \frac{h\,c}{h' + (h' - h)\dfrac{V}{A}}$$

wo c die ursprüngliche, bekannte Konzentration des beigefügten Bestandteils (also vor dessen Zugabe) bezeichnet.

In unserem Falle hatten wir bei der Cd-Zugabe 1 ccm zu 10,30 ccm der Lösung zugefügt, A gleicht also 1 und V 10,30; c war 0,01 N und vom

Polarogramm ergibt sich $h = 15{,}5$, $h' = 29{,}5$ mm. Daraus folgt $x = 0{,}00089$ N. Bei der Pb-Zugabe hatten wir als Anfangsvolumen V 11,30 und $h = 22$, nach Zugabe $h' = 55$ mm, woraus $x = 0{,}00089$ N erfolgt.

Bei Serienanalysen kommt man jedoch mit der Eichkurve schneller zum Ziel. Man muß da aber die Temperaturkonstanz aufrechterhalten, sonst begeht man einen Fehler von 1,6% je 1 °C.

2. Anorganische Oxydations- und Reduktionsstufe zur Bestimmung von Eisen

Die elektrolytische Reduktion des dreiwertigen Eisens verursacht eine kathodische Stufe, die elektrolytische Oxydation des zweiwertigen Eisens dagegen führt zu einer anodischen Stufe. Im Überschuß eines geeigneten Komplexbildners, wie von Oxalaten, Tatraten, Citraten oder Phosphaten, stimmt das Halbstufenpotential der Reduktionsstufe mit jenem der Oxydationsstufe überein, so daß bei Anwesenheit von Eisen II neben Eisen III eine gemeinsame Oxydationsreduktionsstufe (sog. „Red-Ox-Stufe") entsteht. Aus der Höhe dieser Stufe wird der Gehalt von Eisen bestimmt, wobei es gleichgültig ist, wie weit das Eisen in der Lösung zwei- oder dreiwertig vorhanden ist.

Um die Redoxstufe zu erhalten, bereitet man eine Natriumoxalatlösung, indem man 5,3 g Na_2CO_3 in 100 ccm 0,5 M Oxalsäure (6,30 g in 100 ccm) auflöst und 5 ccm 0,5%iger Gelatinelösung zufügt. Dann löst man in einem 100-ccm-Maßkölbchen etwa 100 mg Eisenspäne (oder der auf Eisen zu untersuchenden Probe) mit 2 ccm konz. HCl, wenn nötig unter Zugabe von etwas HNO_3, auf und füllt zur 100 ccm Marke.

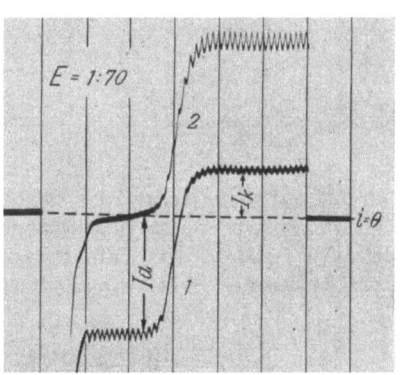

In einem kleinen offenen Elektrolysenbecher werden dann 2 ccm der Eisenlösung mit 2 ccm der Oxalatlösung gemischt, 1 bis 2 Minuten lang CO_2 durchgeleitet und die Lösung mit der Empfindlichkeit etwa 1 : 70 anodisch-kathodisch aufgenommen. Die Anfangsspannung richtet man so ein, daß sich beim anodischen Ausschlag die Lichtmarke gerade vor dem Anfang der Skala am horizontalen Spalt befindet. Die

Abb. 71. *1.* Anodisch-kathodische Stufe einer Eisen(II)-Lösung mit Überschuß von Na-Oxalat und CO_2, mit anodischem, Ia- und kathodischem, Ik Diffusionsstrom; *2.* kathodische Stufe derselben Lösung nach Oxydation durch Luftsauerstoff

Galvanometernullinie soll dabei 5 cm hoch, also entlang der Mitte des Polarogramms, verlaufen (Abb. 71). Den Eisengehalt bestimmt man aus der Höhe der ganzen Stufe, vom anodischen bis zum kathodischen Diffusionsstrom gemessen; die Höhe von der Nullinie zum kathodischen Diffusionsstrom gibt die Konzentration des dreiwertigen Eisens, die Entfernung des anodischen Stromes von der Nullinie das zweiwertige Eisen an. Leitet man daher 1 bis 2 Minuten lang in diese Lösung Luft ein, womit alles zweiwertige Eisen zum dreiwertigen oxydiert wird, und treibt dann die Luft durch CO_2 wieder aus, erhält man nur die kathodische Stufe (Kurve 2, Abb. 71) der Reduktion des dreiwertigen Eisens. Die Anwesenheit von CO_2 ist in dieser Bestimmung auch deswegen nötig, damit der erforderliche p_H-Wert der Lösung erhalten wird.

3. Organische Reduktion

Bestimmung von Saccharin in Tabletten. Die Tablette wird in 10 ccm Wasser gelöst; von dieser Lösung werden 2 ccm mit 4 ccm 0,1 N HCl und 4 ccm 0,1 N NaCl in einem kleinen Elektrolysenbecher gemischt, nach

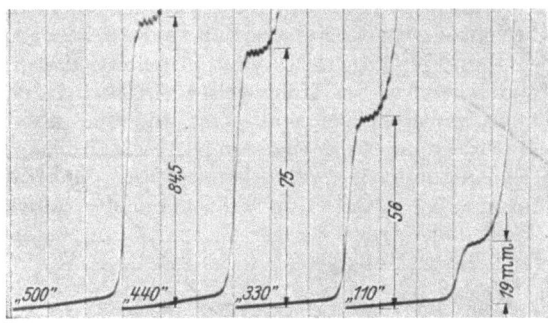

Abb. 72. Saccharingehalt in verschiedenen Mustern. Die Lösungen wurden aus je 2 ccm einer 0,1%-igen Lösung von Saccharintabletten und 8 ccm 0,05 N HCl, 0,05 N NaCl mit etwas Morphium hergestellt. Mit $E = 1 : 10$, 4-V-Akkumulator von 0,4 V an aufgenommen

Durchleiten von CO_2 werden 2 Tropfen einer 0,01 M Morphiumsulfatlösung zugefügt, wieder CO_2 durchgeleitet, und dann wird polarographiert. Bei 1,0 V entsteht die Stufe des Saccharins (Abb. 72). Die Lösung mit einem bekannten Saccharingehalt wird auch aufgenommen.

4. Anodische Depolarisation durch Cl'-Ionen

Bei der Bestimmung der Cl'-Ionen benutzt man eine anodische Reaktion, bei welcher die in Lösung gehenden Hg_2^2-Ionen durch Cl'-Ionen zu Kalomel niedergeschlagen werden. Es entsteht dabei eine anodische Stufe, welche durch den Diffusionsstrom der Cl'-Ionen begrenzt ist. Beim Anstieg der Stufe stört die Anwesenheit von Luftsauerstoff, weswegen derselbe mittels Durchleitens von CO_2 entfernt wird. Die Verbindung zur anodischen Polarisation der Tropfelektrode wird eingeführt, indem man einfach die zur Kathode und Anode bei der kathodischen Polarisation führenden Drähte umtauscht. Als indifferenter Elektrolyt wird dabei 0,1 N H_2SO_4 angewendet. Die Chloridstufe erhält man, wenn zu 10 ccm 0,1 N H_2SO_4 0,5 ccm einer 0,01 N Chloridlösung und 2 Tropfen 0,5%iger

Gelatine (in 0,5 N H_2SO_4) zugefügt werden, CO_2 durchgeleitet und die Stufe mittels der kathodisch-anodischen oder nur anodischen Schaltung aufgenommen wird (Abb. 73). Um sich zu überzeugen, daß in der Schwefelsäure keine Cl'-Ionen anwesend sind, nimmt man die Lösung ohne den Chloridzusatz auch auf (Kurve *4*).

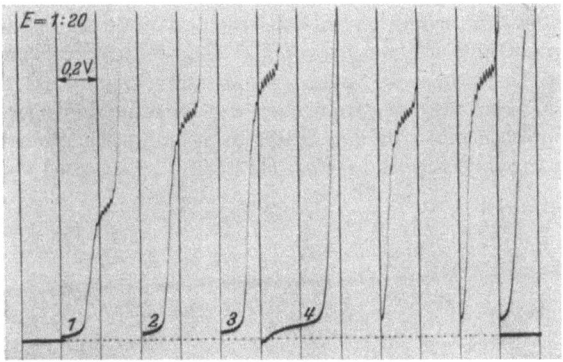

Abb. 73. Anodische Stufe der Cl'-Ionen. Zu 10 ccm 0,1 N H_2SO_4 wurden nach Durchströmen von CO_2 3 Tropfen 0,5%iger Gelatine (in 0,5 N Na_2SO_4) und *1*. ein, *2*. zwei, *3*. zweieinhalb ccm 0,005 N KCl zugefügt. Kurven *1–4* wurden mit kathodisch-anodischer Polarisation aufgenommen. Rechts wurden die letzten drei Lösungen mit nur anodischer Polarisation aufgenommen

III. Die Lösung befindet sich in offenem Becher mit Zusatz von Na_2SO_3

1. Metallabscheidungen

Polarographisches Spektrum. Bestimmung der Halbstufenpotentiale. Um einige Stufen der Schwermetalle mittels einer offen an der Luft stehenden Lösung im gewöhnlichen Becherglas zu erhalten, bediene man sich 10 ccm einer 0,5 N NH_4Cl-, 0,5 N NH_3-Lösung, zu welcher 5 Tropfen der frisch vorbereiteten gesättigten Natriumsulfitlösung einige Minuten vor der polarographischen Aufnahme zugefügt wurden. Nach Umrühren mit dem Platinkontaktröhrchen und nach 2 bis 3 Minuten Abwarten, bis der Luftsauerstoff absorbiert ist, wird erst das Bodenquecksilber eingebracht; sonst könnte das Quecksilber, welches sich bei Sauerstoffanwesenheit in der Lösung oxydiert, mit den Salzen Komplexe eingehen und bei beginnender Spannung eine Stufe hervorrufen. Zuletzt werden etwa 8 Tropfen einer 0,5%igen Gelatinelösung (in 0,5 N HCl) zu den 10 ccm der ammoniakalischen Lösung zugefügt, um die Maxima an den Stromspannungskurven zu unterdrücken. Die erste Kurve (Abb. 74) ist wieder jene der „leeren" Lösung, d.h. 0,5 N NH_4Cl-, 0,5 N NH_3-, etwa 0,02 N Na_2SO_3 und 0,02%ige Gelatinelösung, und zwar mit $E = 1:30$ aufgenommen. Nun fügt man der Lösung im Becherglas 5 Tropfen (0,25 ccm) einer 0,1 N $MnCl_2$-Lösung zu, mischt und nimmt die Kurve von einem um etwa 2,5 mm an der Ordinate höher gelegenen Punkt auf. Dann kann man nacheinander je 5 Tropfen von 0,01 N $ZnCl_2$-, $NiCl_2$-,

CdCl$_2$- und CuCl$_2$-Lösung zugeben und nach jeder Zugabe eine Kurve registrieren. So erhält man die höher gelegenen Kurven. Die an die Meßbrücke angelegte Spannung wird in diesem Polarogramm auf 2 V herabgesetzt, damit die Stufen nicht zu gedrängt ausfallen und ihre Halbstufenpotentiale genauer ablesbar werden. Diese Änderung der Spannung wird entweder durch Benutzen eines 2-V-Akkumulators oder Einreihen des Widerstandes hinter dem potentiometrischen Meßdraht erreicht. An diesem Polarogramm, welches wegen der Darstellung von mehreren Bestandteilen der Lösung ein „polarographisches Spektrum" genannt wird, können die Abscheidungsspannungen der betreffenden Elemente ermittelt werden. Man mißt die den Halbstufen entsprechenden Spannungen und erhält für Cu 0,025 und 0,275, Cd 0,55, Ni 0,82, Zn 1,06, Mn 1,32 V.

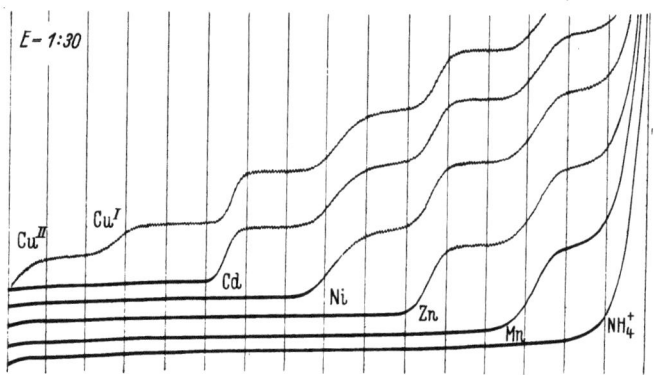

Abb. 74. Stufen von Kupfer, Cadmium, Nickel, Zink und Mangan in einer 0,5 N NH$_4$Cl, 0,5 N-NH$_3$-Lösung mit Na$_2$SO$_3$ 2-V-Akkumulator

Kupfer verursacht 2 Stufen, deren erste der Reduktion von zweiwertigem und die zweite der Kupferabscheidung entspricht. Diese Werte sind aber nur Zersetzungsspannungen, also keine Potentiale, und hängen deshalb vom Potential des Bodenquecksilbers ab. Das letzte beträgt etwa $-0,23$ V, ist aber durch die Konzentration des zugefügten Sulfits stark beeinflußt. Deswegen gibt man diese Werte nicht in den Tabellen an, sondern leitet die Halbstufenpotentiale ab (s. S. 18), indem man das Potential des Bodenquecksilbers in Betracht zieht. Um diese etwas umständliche Messung des „Bodenpotentials" zu umgehen, können zu der zu bestimmenden Lösung einige Tropfen einer etwa 0,01 N Tl$_2$SO$_4$-Lösung zugefügt werden, womit in die Lösung ein Depolarisator eingeführt wird, dessen Halbstufenpotential von der Zusammensetzung der Lösung unbeeinflußt ist und immer bei $-0,49$ V (von der Kalomelelektrode) liegt. Dieser Kunstgriff wird durch das Polarogramm in Abb. 75 erläutert.

Zu der ammoniakalischen Lösung derselben Zusammensetzung wie die frühere wird die Mn-, Zn- und Cd-Lösung zugefügt und dann noch etwa 5 Tropfen von 0,01 N Tl$_2$SO$_4$ zugegeben. Man erhält 4 Stufen, deren erste, bei etwa 0,25 V Spannung, dem Thallium entspricht. Man findet die Halbstufenpotentiale aller 4 Stufen, indem man die vor und nach der

Stufe linear verlaufenden Teile der Kurve verlängert und zwischen ihnen in der Mitte eine parallele Linie zieht, welche die Stufe im Mittelpunkt schneidet. Wenn im Verlauf der Kurve vor und nach der Stufe eine Verlängerung nicht deutlich angegeben werden kann, findet man den Mittelpunkt als den Punkt der Symmetrie der Stufe. Dazu zieht man in den beiden Biegungspunkten der Stufe zwei parallele Tangenten (unter z. B. 45°) und findet den Mittelpunkt der beiden Berührungspunkte, welcher dann mit dem Symmetrie- und Inflexionspunkt identisch sein muß (Abb. 75). Die so erhaltenen Halbstufenwerte sind für Tl 0,28, für Cd 0,57, für Zn 1,11, für Mn 1,38 V. Da $E_{1/2}$ der Tl-Stufe beim Potential −0,49 V liegt, ergeben auch für die anderen die Halbstufenpotentiale um 0,21 V größere Werte, nämlich für Cd −0,78, für Zn −1,31 und für Mn

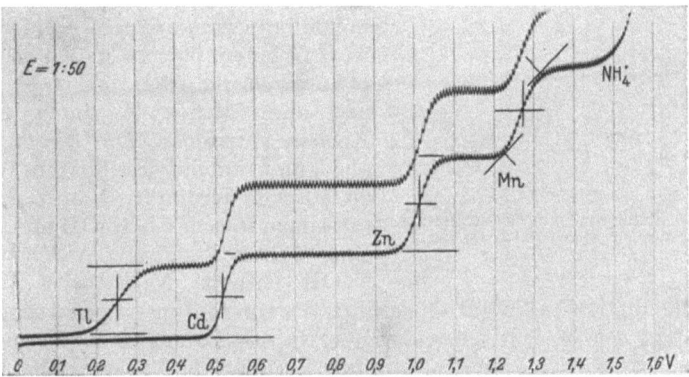

Abb. 75. Bestimmung der Halbstufenpotentiale. *1.* 10 ccm 0,01 N HN_3, NH_4Cl mit Na_2SO_3 enthält 0,0005 N $CdCl_2$, $ZnCl_2$, $MnCl_2$; *2.* noch Tl_2SO_4 zu 0,0005 N zugefügt

−1,59 V, bezogen auf die 1 N Kalomelelektrode. An den Polarogrammen Abb. 74 und 75 bemerkt man, daß sich die Halbstufenwerte bei größeren Strömen zu größeren Spannungen verschieben. Das entsteht durch den Spannungsabfall in der Lösung, iR, welcher bei größeren Stromstärken nicht zu vernachlässigen ist. Der Widerstand der Zelle, R, beträgt bei Anwesenheit des Zusatzelektrolyten einige hundert Ohm, die Stromstärke, bei einer Empfindlichkeit 1 : 50 und Ausschlag bis zur Hälfte der Ordinate, etwa 10^{-5} A; daher ist iR gleich einigen Centivolt. Um den wahren Wert der Potentiale zu erhalten, soll dieser Betrag von der Spannung – gemäß der Formel $E_{1/2} = E_a - V + iR$ – abgezogen werden. Bei kleinen Strömen, d. h. bei großer Empfindlichkeit, kann diese Korrektion vernachlässigt werden (s. S. 21).

Bestimmung des Kupfers und des Zinks in Messing. Man wiegt 0,1 g Messingspäne ein und versetzt in einem kleinen mit Uhrglas bedeckten Becherglas mit 2 ccm konz. Salpetersäure. Dann spült man in einen 50 ccm Maßkolben, füllt auf und pipettiert 5 ccm dieser Lösung zu 10 ccm 0,5 N NH_3, 0,5 N NH_4Cl, welche 5 Tropfen der 0,5%igen Gelatine und 5 Tropfen einer frisch gesättigten Na_2SO_3-Lösung enthalten.

Dann führt man die Quecksilberelektroden ein und nimmt die Kurve (Abb. 76) auf.

Bestimmung von Spuren Blei in Kupfer. Obzwar Kupfer, als der edlere Bestandteil, aus den meisten Lösungen bei positiverem Potential als Blei abgeschieden wird und daher immer am Anfang der Kurve eine Stufe verursacht, können trotzdem geringe Mengen von Blei in Anwesenheit von Kupfer polarographisch untersucht werden. Die Bestimmung beruht auf der Tatsache, daß sich Kupfer aus Cyanidlösungen wegen Komplexbildung elektrolytisch nicht abscheidet [*17*].

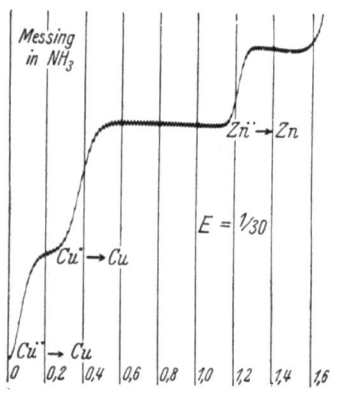

Abb. 76. Stufen von Cu und Zn in Messing. Das Messing enthielt 76,8% Cu und 13,1% Zn

Eine Einwaage von etwa 0,5 g einer mit Blei verunreinigten Kupferprobe wird in einem 50-ccm-Maßkölbchen in etwa 4 ccm Salpetersäure (1:1) gelöst und die Stickoxyde durch kurzes Kochen vertrieben. Die Lösung wird abgekühlt und mit destilliertem Wasser zu 10 ccm verdünnt. Nun pipettiert man dazu 10 ccm 2 N NaOH und 8 ccm einer 5 N KCN-Lösung, welche 0,5 N NaOH enthält. Nach jeder Zugabe werden die Lösungen gut umgerührt. Sodann fügt man noch 5 ccm 10 N NaOH, 2 ccm einer frisch gesättigten Na_2SO_3-Lösung und 0,2 ccm einer 0,5%igen Gelatinelösung zu, füllt mit destilliertem Wasser zur Marke auf

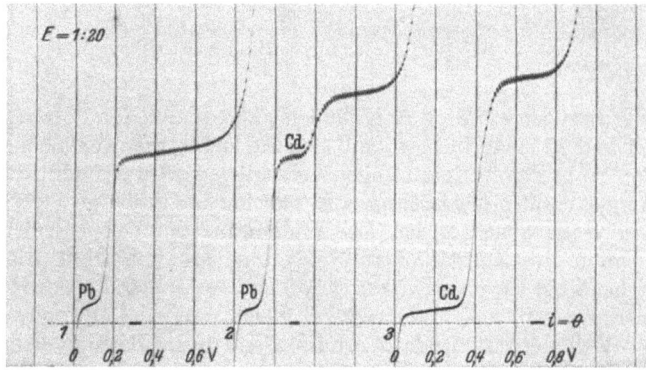

Abb. 77. Cyanidlösungen von Kupfer mit Na_2SO_3. *1.* Stufe von Blei entsprechend 0,242% Pb im Kupferdraht; *2.* Stufen von Blei und Cadmium entsprechend 0,39% Pb und 0,098% Cd in Kupfer; *3.* Stufe von Cadmium entsprechend 0,504% Cd in Kupfer. Von etwa 0 V an anodisch-kathodisch aufgenommen

und mischt gut durch. Ein Teil dieser Lösung (etwa 10 ccm) wird in einem offenen Becher anodisch-kathodisch im Spannungsbereich von etwa 0 bis zu 0,6 V aufgenommen (Abb. 77). Die Bleistufe entsteht bei Spannung 0. In Anwesenheit von Cadmium erscheint dessen Stufe bei 0,4 V.

2. Reduktionen einiger Anionen

Die Ionen JO_3', JO_4', BrO_3' und CrO_4'' werden an der Tropfkathode reduziert, und zwar um mehrere Valenzeinheiten, so daß an der Kurve eine wesentlich höhere Stufe entsteht als bei der Reduktion der Kationen von derselben molaren Konzentration. Da die obengenannten Anionen in alkalischer Lösung nicht mit Sulfit reagieren, können sie im offenen Becherglas unter Luftzutritt nach Zugabe von Sulfit bestimmt werden. Um die Lage und die Form der JO_3'- und BrO_3'-Stufe kennenzulernen, bedient man sich in offenem Becher 10 ccm einer etwa 0,1 N K_2CO_3-Lösung, fügt einige Tropfen einer frisch gesättigten Na_2SO_3-Lösung zu und nimmt diese „leere" Lösung mit etwa 1:100 Empfindlichkeit und Potentialabfall 4 V am Meßdraht auf (Abb. 78). Nun fügt man einen

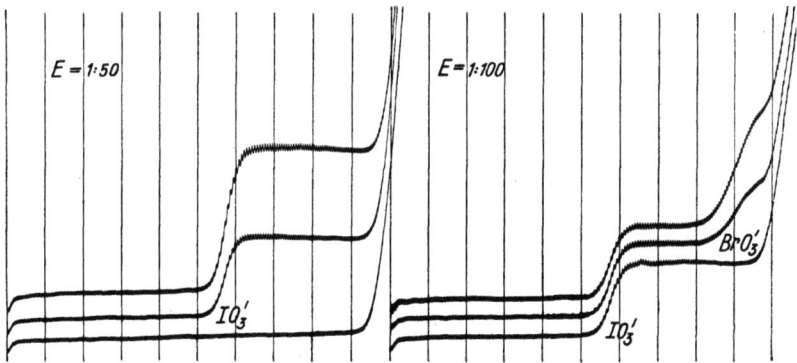

Abb. 78. Stufen des Jodats und Bromats. Zur verdünnten Na_2SO_3-Lösung wurde KJO_3 (Kurven links) und nachher noch $KBrO_3$ (Kurven rechts) zugegeben. 4-V-Akkumulator

Tropfen einer 0,1 M KJO_3-Lösung zu und nimmt von neuem auf. Eine weitere Kurve erhält man nach Zugabe von einem Tropfen einer 0,1 M $KBrO_3$-Lösung. Den Anfang der Kurven soll man an der Ordinate immer um etwa 3 mm höher stellen, damit es nicht zum Überdecken der Kurven kommt.

Mit derselben Anordnung kann man die in jedem Chloratpräparat vorhandene Spur von Bromat rasch bestimmen. Man benutzt 2 bis 3 ccm einer gesättigten Lösung von $KClO_3$, fügt ein Kriställchen Na_2SO_3 zu, und nach Abwarten, bis der Luftsauerstoff absorbiert ist, nimmt man diese Lösung in einem kleinen offenen Becherglas zuerst mit einer großen Empfindlichkeit (etwa 1 : 3 bis 1 : 5) und dann mit etwa 1 : 40 auf, bis der Diffusionsstrom der Bromatstufe (bei 1,4 V Spannung) am Polarogramm aufgezeichnet ist (Abb. 79). An der ersten Kurve unterscheidet man, bei Spannung etwa 0,8 V, einen Anstieg, welcher der Reduktion einer sehr kleinen Menge Jodat entspricht, und an der zweiten Kurve entsteht bei ziemlich herabgesetzter Empfindlichkeit die Bromatstufe. Falls man die Chloratlösung beim Kochen sättigt und nach Abkühlen die Mutterlauge polarographisch untersucht, erscheint eine bedeutend größere Bromatstufe, wozu die Empfindlichkeit entsprechend herabgesetzt werden muß.

Um die sehr geringe Konzentration des Jodats zu bestimmen, müßte man die auf S. 37 beschriebene Kompensation des Ladungsstromes bei Empfindlichkeit 1:1 anwenden.

Die Konzentration des Bromats im Chlorat ist genügend groß, um auch bei Anwesenheit des Luftsauerstoffs gemessen werden zu können. Man nimmt die gesättigte Lösung von 1,0 V an auf (Kurve 3, Abb. 79) und fügt dann zu 5 ccm der Lösung 1 Tropfen 0,01 M $KBrO_3$ zu (Kurve 4). Dadurch wird die Bromatstufe etwa verdoppelt. Die ursprüngliche Chloratlösung ist also etwa 0,0001 M an $KBrO_3$. Da die Löslichkeit von Chlorat etwa 0,5 M ist, enthält die Probe 0,02% $KBrO_3$.

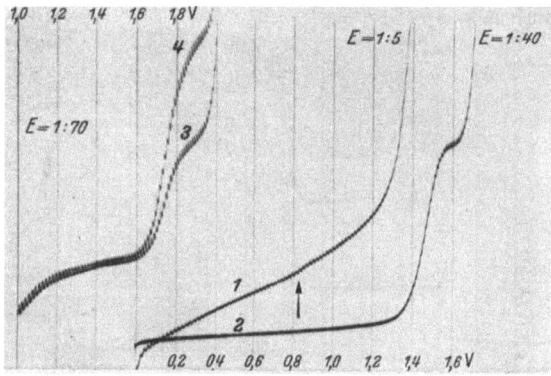

Abb. 79. Spuren von Bromat und Jodat im Chlorat. *1.* Gesättigte $KClO_3$-Lösung nach Zugabe von Na_2SO_3 mit Empf. 1 : 5 von 0 V an aufgenommen; *2.* wiederholt mit $E = 1 : 40$; *3.* gesättigte Lösung von $KClO_3$ offen an der Luft mit Empf. 1 : 70 von 1,2 V an aufgenommen; *4.* nach Zugabe von 1 Tropfen 0,01 M $KBrO_3$ zu 5 ccm der $KClO_3$-Lösung Kurve wiederholt

IV. Die Lösung wird nach Durchleiten von Stickstoff oder Wasserstoff unter Luftabschluß untersucht

1. Metallabscheidungen

Trennung einer Überdeckung der Kupfer- und Wismutstufe. Etwa 15 ccm 0,1 N HNO_3 werden in einem konischen Elektrolysengefäß (Abb. 12) unter Luftabschluß mit Stickstoff oder Wasserstoff (s. S. 17) 3 bis 4 Minuten lang durchströmt und dann je 3 Tropfen einer 0,1-N-Lösung von $Cu(NO_3)_2$, $Pb(NO_3)_2$ und $Cd(NO_3)_2$ und 6 Tropfen 0,5%iger Gelatinelösung (in 0,5 N Na_2SO_4) zugefügt. Nach neuem Durchleiten des indifferenten Gases nimmt man die Kurve dieses Gemisches auf. Dann fügt man zur Lösung noch 3 Tropfen einer 0,1 N $Bi(NO_3)_3$-Lösung (welche überschüssige Salpetersäure enthält) zu und nimmt nach Durchleiten des Gases wieder auf. Am Polarogramm Abb. 80 bemerkt man nur 3 Stufen, denn in der ersten, bei Spannung 0,25 V, wird die Stufe von Kupfer mit jener von Wismut überdeckt. Diese Überdeckung kann jedoch durch Komplexbildner beseitigt werden. Am besten eignet sich dazu Weinsäure

Die Lösung wird nach Durchleiten von Stickstoff oder Wasserstoff untersucht 75

oder Citronensäure. Man gibt zu der Lösung im Gefäß 1 g festes weinsaures Kalium-Natrium zu, löst unter Gasdurchleiten auf, fügt zunächst bis zur schwachalkalischen Reaktion etwa 8 Tropfen 4 N NaOH zu und gibt dann etwa 0,2 g feste Weinsäure zu, so daß die Lösung schwach sauer reagiert. Nach nochmaligem Durchleiten des Gases wird die Kurve auf der rechten Seite des Polarogramms aufgenommen. Es entstehen nun 4 Stufen, denn die Überdeckung von Kupfer und Wismut ist getrennt. Davon überzeugt man sich durch Zugabe von 2 Tropfen 0,1 N $Cu(NO_3)_2$ und nach dieser Aufnahme durch eine Zugabe von 2 Tropfen der 0,1 N $Bi(NO_3)_3$-Lösung. Zuerst erhöht sich die erste Stufe, nach der zweiten Zugabe die zweite. Man bemerkt, daß die Stufenhöhen durch die Zugabe

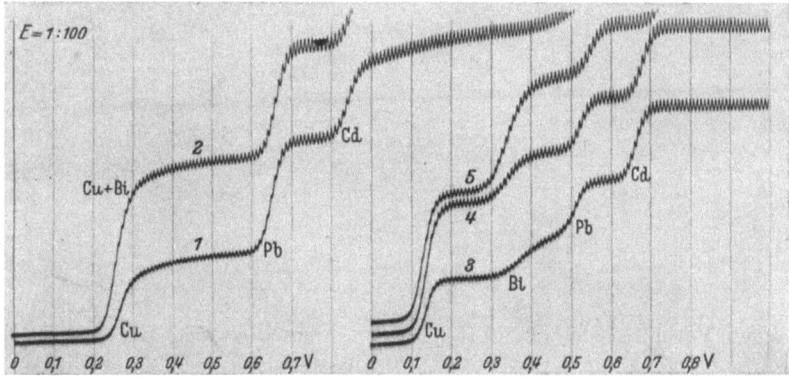

Abb. 80. Trennung der Cu- und Bi-Stufe 0,1 N HNO_3 mit: *1*. 0,001 N $Cu(NO_3)_2$, $Pb(NO_3)_2$, $Cd(NO_3)_2$; *2*. $Bi(NO_3)_3$ zu 0,001 N zugefügt; *3*. nach Zugabe von Seignette-Salz Neutralisieren und Ansäuren mit Weinsäure; *4*. $Cu(NO_3)_2$ zu 0,002 N zugefügt; *5*. $Bi(NO_3)_3$ zu 0,002 N zugefügt. Mit 2-V-Akkumulator, von 0 V an unter Luftabschluß aufgenommen

von Tartrat vermindert werden; das erklärt sich durch die verhältnismäßig kleine Diffusionskonstante der gebildeten komplexen Ionen von Cu und Bi gemäß der auf S. 79 angegebenen Formel für den Diffusionsstrom.

Trennung einer Überdeckung der Blei- und Thallium-Stufe. Eine andere Überdeckung in saurer oder neutraler Lösung kommt bei den Stufen der Pb^{2+}-, Sn^{2+}- und Tl^+-Ionen (bei $E_{1/2} = -0,49$ V) vor. Das zweiwertige Zinn oxydiert sich nämlich rasch und läßt sich als vierwertiges polarographisch nicht mehr nachweisen, so daß in praktischer Analyse nur die Überdeckung der Pb- und Tl-Stufe vorkommt. Durch Alkalisieren der Lösung wird eine Trennung erzielt, da die Stufe der Tl-Ionen unverändert bei $-0,49$ V bleibt und jene der Plumbitionen bei $-0,8$ V erscheint. Abb. 81 veranschaulicht diese Trennung. Die Lösung enthielt in 15 ccm 0,1 N HNO_3 3 Tropfen 0,1 N $Pb(NO_3)_2$ und 3 Tropfen 0,1 N $TlNO_3$. Nach Austreiben des Luftsauerstoffs mit dem indifferenten Gas wurde Kurve *1* aufgenommen. Dann wurde zu der Lösung etwa 1 g festes NaOH zugegeben, im Gasstrom aufgelöst und Kurve *2* aufgenommen. Die Stufen sind nun etwa 0,25 V voneinander getrennt.

76 Polarographische Bestimmungen

2. Reduktion der Kationen

Einige Ionen, wie z. B. jene von Cu(II), Cr(III), Co(III), Fe(III), U(VI), Mo(VI), werden bei einem bestimmten Potential zuerst zu einer niedrigeren Valenzform reduziert und erst bei einem negativeren Potential abgeschieden. Es entstehen daher 2 Stufen, deren Höhen in ein-

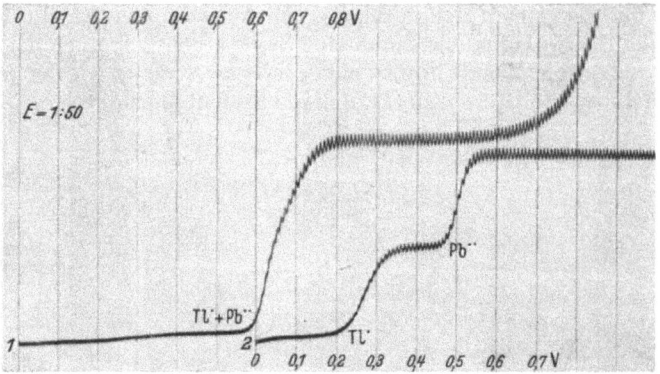

Abb. 81. Trennung der Pb- und Tl-Stufe. *1.* 0,1 N HNO$_3$ enthält 0,001 N Pb(NO$_3$)$_2$ und 0,001 N Tl$_2$SO$_4$; *2.* nach Zugabe von 1 g KOH. Mit 2-V-Akkumulator unter Luftabschluß aufgenommen

fachem Verhältnis der Valenzänderungen stehen. So wird z. B. zur Reduktion von Cr(III) zu Cr(II) beim Diffusionsstrom die Hälfte der Elektrizitätsmenge, welche für die Abscheidung von Cr(II) erforderlich ist, verbraucht. Die erste Stufe, welche der Reduktion $Cr^{3+} + \ominus \rightarrow Cr^{2+}$ entspricht, ist deswegen halb so groß wie die zweite, bei welcher sich der

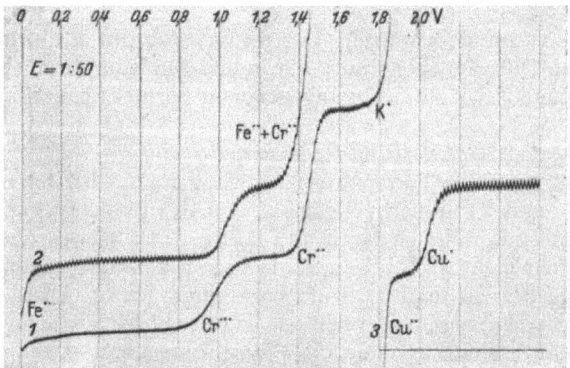

Abb. 82. Reduktion von Kationen. *1.* 1 N KCl mit CrCl$_3$; *2.* nach Zugabe von FeCl$_3$; *3.* CuCl$_2$. In Stickstoffatmosphäre

Vorgang $Cr^{2+} + 2 \ominus \rightarrow Cr$ vollzieht. Kurve *1*, Abb. 82 zeigt die hier beschriebenen 2 Stufen, welche in Anwesenheit von Chrom(III)-Salzen entstehen. Um das Polarogramm zu erhalten, gibt man zu 10 ccm 1 N KCl

Die Lösung wird nach Durchleiten von Stickstoff oder Wasserstoff untersucht 77

(,,leere Lösung") 1 Tropfen 0,1 N CrCl$_3$ und nimmt nach Entfernen des Luftsauerstoffs auf. Damit man auch die Wirkung des oft in der Analyse vorkommenden dreiwertigen Eisens erkennt, füge man der Lösung auch 1 Tropfen 0,1 N FeNH$_4$(SO$_4$)$_2$ bei und nehme nach Durchleiten des Gases auf. Die Abscheidungsstufe von Eisen(II) deckt sich in neutraler und schwachsaurer Lösung mit jener der zu Cr(II) reduzierten Ionen.

In Chloridlösungen wird auch Cu(II) zuerst zu Cu(I) reduziert und bei einem negativeren Potential abgeschieden. Deswegen erhält man beim Zutropfen einer CuCl$_2$-Lösung zu 1 N KCl unter Luftabschluß zwei gleich große Stufen (Kurve *3*, Abb. 82). Es sei hier darauf hingewiesen, daß Cu(II) auch in ammoniakalischer Lösung 2 Stufen verursacht (s. Abb. 74, 76 u. 94). Bildung von Komplexen wird in der praktischen Polarographie nicht nur dazu angewendet zwei sich überlagernde Stufen voneinander zu trennen und die betreffenden Depolarisatoren zu bestimmen, sondern auch um eine Stufe, die durch Überdeckung die Ausmessung einer anderen hindert, zu beseitigen.

3. Reduktion der Anionen

Als Beispiel kann hier die Reduktion des Perjodats, welches bei einem positiven Potential zu Jodat und als solches beim Potential von etwa −1,1 V zu Jodid (s. S. 73) reduziert wird, untersucht werden. Der erste Vorgang, bei welchem J(VII) zu J(V) reduziert wird, verbraucht ein Drittel der zur Reduktion von Jodat zu Jodid erforderlichen Elektrizitätsmenge, weswegen die Diffusionsströme im Verhältnis 1 : 3 stehen. Als ,,leere" Lösung benutze man 10 ccm 1 N Na$_2$SO$_4$ unter Luftabschluß, welche von Luftsauerstoff befreit ist, denn die Reduktionsstufe von JO$_4'$ würde durch die Sauerstoffstufe überdeckt werden. Nach der Aufnahme der ,,leeren" Lösung füge man 1 ccm 0,01 N KJO$_4$ zu und leite wieder das indifferente Gas durch. Damit man die Stufenhöhen bei der Reduktion von JO$_4'$ und JO$_3'$ mit der Stufenhöhe der Tl$^+$-Ionen vergleichen kann, füge man noch 1 ccm 0,01 N Tl$_2$SO$_4$ zu. Diese Lösung enthält dann ebensoviel Tl$^+$-Kationen wie JO$_4'$-

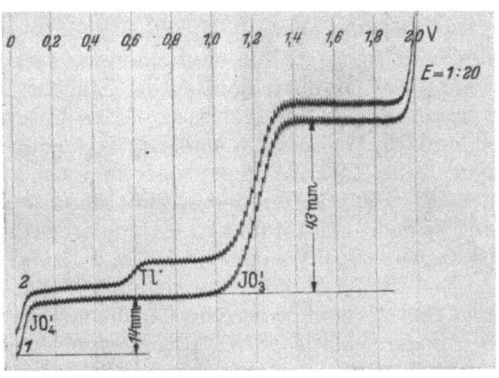

Abb. 83. Reduktion von JO$_4$. 1 N Na$_2$SO$_4$ mit *1*. 0,0004 N KJO$_4$; *2*. mit 0,0004 N Tl$_2$SO$_4$. In Stickstoffatmosphäre

Anionen (die Konzentration von beiden ist 0,01/12 N). Die der Reduktion von JO$_3'$-Anionen entsprechende Stufe ist sechsmal größer als die Tl-Stufe, da ein Ion JO$_3'$ durch 6 Elektronen zu J' reduziert wird, wogegen das Tl$^+$-

Ion bloß durch 1 Elektron abgeschieden wird. Kurve *2*, Abb. 83 zeigt, daß die Tl-Stufe halb so groß wie die JO_4'-Stufe ist, wie auch zu erwarten war, denn die Entladung von Tl^+-Ionen an der Kathode verbraucht nur die Hälfte der Elektrizitätsmenge, die zur Valenzerniedrigung von JO_4' zu JO_3' erforderlich ist.

Eigenartig ist die Bestimmung der Chlorate, die an der tropfenden Elektrode nicht reduzierbar sind. Hier wird ihre Fähigkeit ausgenützt, in saurer Lösung genügend schnell Titan(III) zu Titan(IV) zu oxydieren; die oxydierte Form wird bei negativeren Potentialen zu dreiwertigem Titan reduziert, so daß sich eine gut meßbare Stufe ausbildet, welche der Konzentration der Chlorationen proportional ist (Abb. 84).

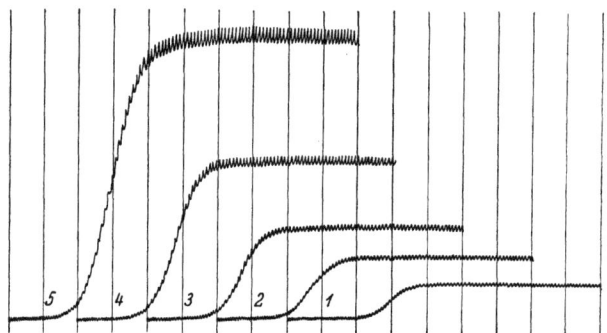

Abb. 84. Stufen der katalytischen Reduktion von Chloraten. Grundlösung 0,4 M H_2SO_4, 0,2 M Oxalsäure, 0,25 M Na_2SO_4, 0,01 M $Ti(SO_4)_2$, 0,01% Gelatine. Konzentration der Chlorationen *1*. 0, *2*. 10^{-3} M, *3*. 2×10^{-3} M, *4*. 4×10^{-3} M, *5*. 8×10^{-3} M. Empfindl. 1 : 1000. Abszissenabstand 100 mV

4. Bestimmung von Nitraten und Nitriten

Die Reduktion der NO_3'- und NO_2'-Ionen verläuft an der Tropfkathode nur bei Gegenwart von zwei- oder dreiwertigen Kationen, am besten in einer 0,1 M Lanthanchloridlösung. Sulfationen stören diesen Elektrodenvorgang. Deswegen fügt man der zu untersuchenden Lösung Bariumchlorid zu, welches die etwa anwesenden SO_4''-Ionen fällen würde. Die Nitrat- und Nitritstufen überdecken sich; man kann aber den Nitritgehalt direkt erhalten, indem man die Lösung ansäuert und das dadurch entstehende Stickstoffoxyd NO polarographisch bestimmt, da es eine Stufe bei $-0,76$ V bildet.

Zur Übung bereite man je eine 0,01 N Lösung von KNO_3 und KNO_2 und eine 2%ige Lösung von Lanthanacetat (oder -chlorid), welche auch 2% Bariumchlorid enthält. Zu 10 ccm der La-Ba-Lösung füge man je 1 ccm der NO_3'- und NO_2'-Lösung zu, leite einen Stickstoffstrom durch und nehme auf (Kurven *1, 2*, Abb. 85). Dann gebe man 1 ccm Eisessig zu und polarographiere nach kurzem Durchleiten des Gases von neuem. Die Stufe der Kurve *2* gibt den Gesamtgehalt $NO_3' + NO_2'$, die Stufe der Kurve *3* ermittelt NO_2'. Nach Abziehen der entsprechenden NO_2'-Höhe von der Stufe 2 ergibt sich die Stufenhöhe von NO_3'. Die genauen Konzentrationen werden durch Eichkurven ermittelt.

Um wahrzunehmen, inwieweit die Nitratbestimmung empfindlicher als eine Bestimmung der Kationen ist, füge man der „leeren" Lanthanlösung 1 Tropfen 0,1 N Cd(NO$_3$)$_2$ zu. Die NO$_3'$-Stufe ist etwa 8fach größer, denn ein Grammäquivalent von Cd^{2+}, d.h. $^1/_2$ des Grammions Cd^{2+}, ver-

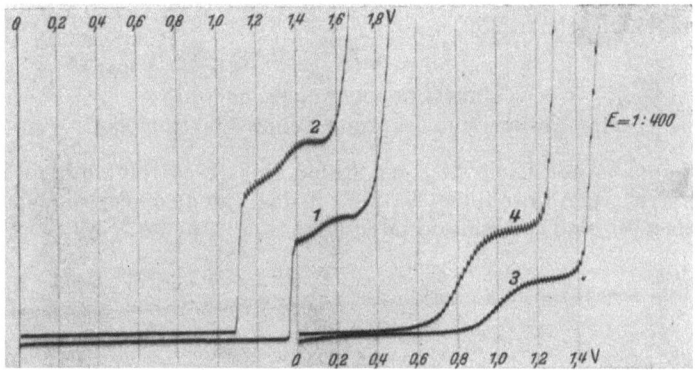

Abb. 85. Bestimmung von NO$_3$ und NO$_2$. Zu 15 ccm der Lanthanlösung wurde *1*. 1 ccm 0,01 N KNO$_3$ und *2*. 1 ccm KNO$_2$ zugefügt. Dann wurde *3*. 1 ccm Eisessig und *4*. 1 ccm 0,01 N KNO$_2$ zugegeben. In Stickstoffatmosphäre

braucht zur Abscheidung nur 1 Faraday Elektrizität, wogegen 1 Grammion NO$_3'$ zur Reduktion zu NH$_3$ 8 Faraday bedarf (Abb. 86).

Es sei hier aber darauf aufmerksam gemacht, daß die Stufenhöhe bei den Diffusionsströmen nicht nur von der für den Elektrodenvorgang erforderlichen Anzahl der Faraday je Grammion abhängt, sondern auch durch die Diffusionsgeschwindigkeit des Depolarisators beeinflußt ist. Die Formel für den Diffusionsgrenzstrom i_d, d.h. für die Stufenhöhe, lautet nämlich, nach D. ILKOVIČ:

$$i_d = 0{,}627 \cdot n\,F \cdot c D^{1/2} \cdot m^{2/3} t^{1/6}$$

wo n F die Anzahl der Faraday je Grammion (oder Grammolekel) des Depolarisators, C seine Konzentration, D seine Diffusionskonstante, m die Ausströmungsgeschwindigkeit und t die Tropfzeit bezeichnet. Da aber die Formel nur die Wurzel von D enthält und die Diffusions-

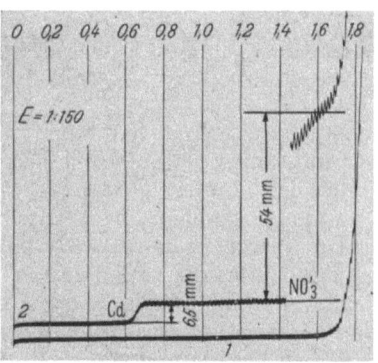

Abb. 86. Kathodische Stufen des Kations und des Anions. Zu 15 ccm der Lanthanlösung (Kurve *1*) wurde unter Luftabschluß 1 ccm 0,01 N Cd (NO$_3$)$_2$ zugefügt (Kurve *2*)

geschwindigkeiten der verschiedenen Ionen (ausgenommen jener der H$^+$- und OH$'$-Ionen) nicht weit voneinander verschieden sind, macht sich dieser Einfluß auf den Diffusionsstrom nicht sehr bemerkbar.

Aus der obigen Formel ist auch ersichtlich, daß die Durchströmungsgeschwindigkeit m einen viel größeren Einfluß auf die Stufenhöhe als die Tropfzeit ausübt. Deswegen steigt die Stufe bei der Erhöhung des Quecksilberbehälters, obzwar die Tropfzeit t dadurch vermindert wird. Die Stufenhöhe steigt proportional $\sqrt{h}$, wenn h die Höhe der Quecksilbersäule bezeichnet (s. S. 25).

5. Kathodische und anodische Stufe des Kations und des Anions eines Elektrolyten

Die annähernde Gleichheit der Stufen eines Elektrolyten kann man beobachten, wenn sowohl das Kation wie das Anion depolarisierend wirken, wie z. B. bei Thallochlorid. Man benutzt 10 ccm 0,1 N Na_2SO_4, von

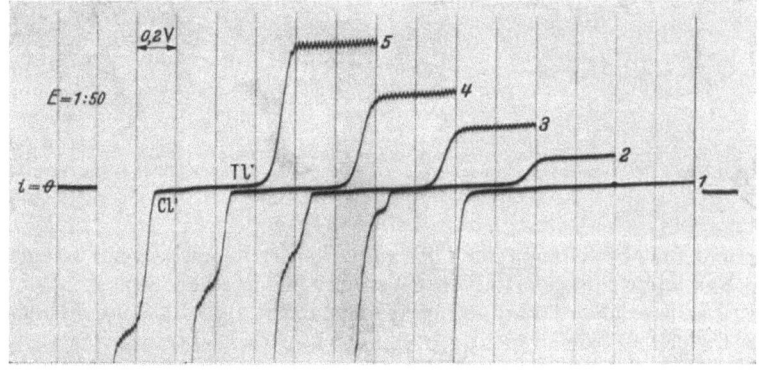

Abb. 87. Kathodische Stufe des Kations und anodische des Anions. Zu 15 ccm 1 N H_2SO_4 in Stickstoffatmosphäre wurde von einer gesättigten TlCl-Lösung *1.* null, *2.* vier Tropfen, *3.* noch 0,5 ccm, *4.* noch 0,5 ccm, *5.* noch 0,5 ccm zugefügt

Luftsauerstoff befreit, und nimmt diese „leere" Lösung anodisch-kathodisch auf, wobei die Nullage des Galvanometers in der Mitte des Polarogramms liegt. Dann fügt man je 2 Tropfen einer gesättigten TlCl-Lösung zu und polarographiert nach kurzem Durchleiten des Gases. So erhält man ein Polarogramm (Abb. 87), in welchem etwa gleich hohe Stufen bei dem kathodischen wie bei dem anodischen Vorgange entstehen. Man beobachtet, daß die anodische Stufe plötzlich, d. h. steil von der Nullinie abweicht, wogegen die kathodische allmählich ansteigt. Das rührt von der plötzlichen Bildung von Kalomel bei der anodischen Depolarisation der Cl'-Ionen her.

6. Organische Reduktion

Die Bestimmung von Fumar- und Maleinsäure. Überdeckung und Trennung der Stufen durch Pufferlösungen. Zu 10 ccm 1 M Essigsäure wird zur Erzielung der Leitfähigkeit 1 ccm 2 N KCl zugefügt und die Lösung von Luft befreit. Dann fügt man 3 ccm 0,01 M Maleinsäure zu, leitet das in-

Die Lösung wird nach Durchleiten von Stickstoff oder Wasserstoff untersucht 81

differente Gas durch und nimmt auf. Die zweite Kurve erhält man nach Zugabe von 2 ccm 0,01 M Fumarsäure. Die Stufen der beiden ungesättigten isomeren Säuren überdecken sich, da sie beide bei etwa $-0{,}55$ V entstehen (vgl. Abb. 88, Kurve *1* und *2*).

Um den Einfluß des p_H auf das Reduktionspotential der beiden Säuren zu verfolgen, nimmt man zunächst deren Lösung in einem Puffergemisch von $p_H = 5{,}3$ (aus 5 Teilen 1 N Natriumacetat mit 1 Teil 1 N Essigsäure) auf (Kurven *3* und *4*). Das Reduktionspotential verschiebt sich dadurch zu $-1{,}05$ V, die Stufen sind aber noch nicht getrennt. Dies erzielt man erst bei weiterer Erhöhung des p_H-Wertes. Man gibt der Acetatlösung etwa 0,25 g Na_2CO_3 bis zur schwach alkalischen Reaktion zu, rührt mit dem Gasstrom um und nimmt auf. Durch Zugaben von Malein- und Fumarsäure findet man, daß die erste Stufe nun nur der Maleinsäure angehört (Abb. 88, Kurven *5*, *6* und *7*).

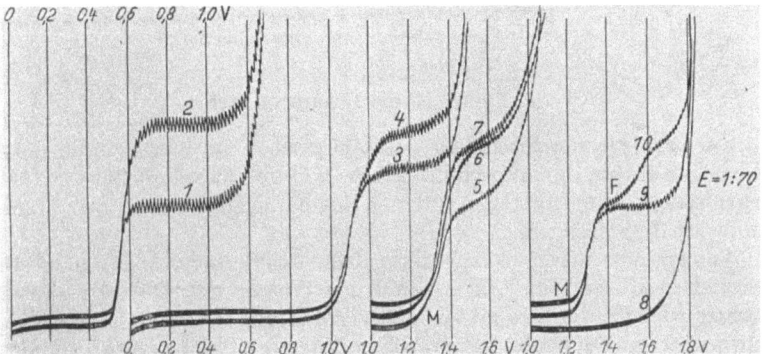

Abb. 88. Reduktion der Malein- und Fumarsäure bei verschiedenen p_H-Werten. Zu 15 ccm 1N HCl wurden *1*. 3 ccm 0,01 M Maleinsäure und *2*. 2 ccm 0,01 M Fumarsäure zugefügt. Zu 15 ccm Essigsäure Natriumacetatpufferlösung von $p_H = 5{,}3$ wurden 2 ccm 2 N KCl und *3*. 4 ccm 0,01 M Maleinsäure und *4*. 1 ccm Fumarsäure zugefügt. Zu derselben Lösung wurde Na_2CO_3 zur Neutralisation zugegeben (Kurve *5*) und *6*. 2 ccm Maleinsäure und *7*. 2 ccm Fumarsäure zugefügt. Zu 15 ccm 1 N NH_4Cl (Kurve *8*) wurden *9*. 3 ccm 0,01 M Maleinsäure und *10*. 2 ccm Fumarsäure zugefügt. In Stickstoffatmosphäre

Die Trennung wird vollkommen, wenn man noch einmal 0,3 g Na_2CO_3 zugibt. Man überzeuge sich, daß die erste Stufe der Maleinsäure und die zweite der Fumarsäure angehört, und zwar durch Aufnahmen nach Zugaben von je 2 Tropfen der betreffenden Säuren.

Die Methode der indirekten Bestimmung wird immer häufiger in der anorganischen und organischen Polarographie benutzt. Bei organischen Verbindungen versucht man Derivate darzustellen, die eine polarographisch aktive Gruppe enthalten, z. B. eine Nitro-, Nitroso- oder Aldehydgruppe. So wird das Morphin, welches kein Depolarisator ist, nitrosiert, wozu man 20 bis 50 mg in 100 ml 1 M HCl auflöst und 2 ml 1 M KNO_2 zufügt. Nach 5 Minuten, wenn die Nitrosierung vollendet ist, alkalisiert man durch Zugabe von 3 ml 20% KOH, fügt 1 ml 0,5% Gelatine zu, entlüftet durch ein inertes Gas und registriert die Kurve. Diese Methode erlaubt Morphin neben Narcotin, Papaverin und Codein zu bestimmen. Für Serienanalysen ist die Konstruktion einer Eichkurve erforderlich (Abb. 89).

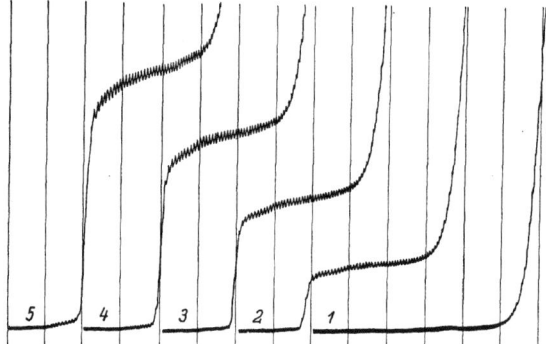

Abb. 89. Stufen der indirekten Morphinbestimmung. Morphinkonzentration *1.* 0, *2.* 12, *3.* 24, *4.* 36, *5.* 48 mg-%. Empfindl. 1 : 70. Abszissenabstand 200 mV

7. Nichtwäßrige Lösungsmittel

Zur Analyse hauptsächlich der organischen in Wasser unlöslichen Körper, weniger der anorganischen (z. B. von Schwefel) benutzt man organische Lösungsmittel, von denen das häufigste Eisessig mit Acetatpuffer ist (s. S. 23).

Von anderen wird meistens Methyl- und Äthylalkohol angewendet. Oft benutzt man Gemische von Alkohol und Wasser oder 75% Dioxan mit Wasser oder Butanol; es gibt jedoch Verbindungen, wie fett- und ölartige Körper, die nur in wasserfreiem Alkohol, Benzin, Chloroform oder Benzol aufgelöst werden können. Für solche ist ein geeignetes Lösungsmittel das Gemisch von gleichen Teilen Methanol, Benzin[1] und Benzol. Als Elektrolyt kann hier Ammoniumnitrat dienen, welches in dem genannten Gemisch zu etwa 2% löslich ist. In dieser Flüssigkeit löst sich Sauerstoff etwa 10mal mehr als in Wasser auf, weswegen man solche Lösungen immer nur unter Luftabschluß untersuchen kann. Das Gemisch löst aber auch Kautschuk auf, so daß die Lösung bei polarographischen Untersuchungen mit Kautschuk nicht in Berührung kommen darf. Für solche Zwecke ist das in Abb. 18 gezeichnete Gefäß verfertigt. Man führt die Untersuchungen folgendermaßen aus: Etwa 3 ccm des Methanol-Benzin-Gemisches werden in die zugeschmolzene Waschflasche mittels einer Pipette eingebracht. In das Gefäß pipettiert man durch den offenen Schliff, durch welchen die Capillare eingesetzt wird, etwa 0,5 ccm Quecksilber und 2 bis 3 ccm des Gemisches mit dem gelösten Elektrolyten ein. Dann setzt man die Capillare in den Schliff ein und nimmt die Lösung mit Luftsauerstoff auf (Abb. 90, Kurve *1*). Hierauf leitet man das indifferente Gas durch das Gefäß und führt es mittels eines Gummischlauches in eine kleine Waschflasche, welche mit dem Methanol-Benzin-Gemisch wegen des Luftabschlusses gefüllt ist.

---
[1] Siedebereich etwa 80–120 °C.

Nach einigen Minuten des Durchleitens versucht man, wie weit Luftsauerstoff aus der Lösung entfernt ist, indem man bei etwa 1,0 V Spannung den Galvanometerausschlag an der Lage der Lichtmarke beobachtet. Wenn sich diese Lage nach wiederholtem Durchleiten nicht ändert, ist die Lösung weitgehend von Sauerstoff befreit und wird wieder polarographiert (Kurve 2). Dann kann man ein kleines Stück Kautschuk in das

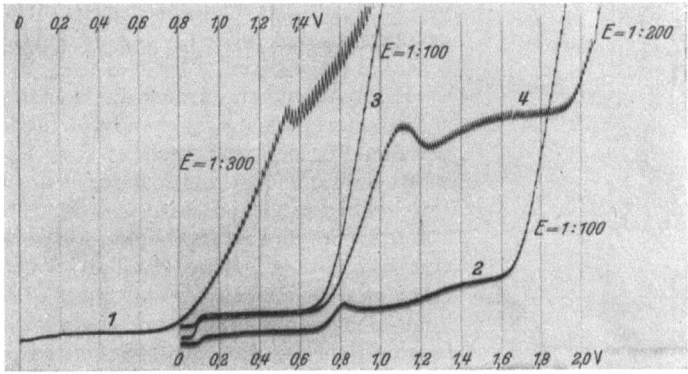

Abb. 90. Einfluß des Kautschuks in nichtwäßrigen Lösungen. *1.* Gemisch von Methanol (mit 1% NH_4NO_3) Benzol und Benzin (1:1:1) offen an der Luft aufgenommen. *2.* Nach Durchströmen von Stickstoff. *3.* und *4.* nach Zugabe eines kleinen Stückes Kautschuk

Gefäß einbringen und das Gas von neuem durchleiten. Die Lösung färbt sich bräunlich, und an der Kurve (Abb. 90) entsteht eine Stufe, welche den schwefelhaltigen Bestandteilen des Kautschuks [*19*] angehört (Kurven *3* und *4*).

V. Mikroanalytische Untersuchungen

1. Geräte

Die kleinsten Mengen der zu untersuchenden Flüssigkeit polarographiert man entweder offen an der Luft in dem in Abb. 91 gezeichneten Gefäßchen oder unter Luftabschluß, wie in Abb. 92 angegeben ist.

Das erste Gefäß (Abb. 91) besteht aus einer U-förmigen, dickwandigen Capillare mit einer lichten Weite von etwa 1,5 bis 2 mm, welche an dem einen Schenkel in ein weiteres Rohr übergeht. Der Zweck dieser Erweiterung ist, den Meniscus in der Capillare während des Tropfens in einer konstanten Höhe zu halten, damit ein Kurzschluß mit der sehr nahe über dem Quecksilbermeniscus sich befindenden tropfenden Elektrode vermieden wird.

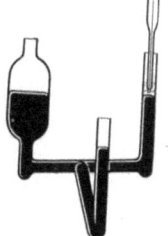

Abb. 91. Mikrogefäßchen (nach V. ČIŽEK)

Der mit Quecksilber gefüllte Seitenschenkel dient als Kontakt für die untere Elektrode, und zu diesem Zweck ist ein Platindraht durch die Wand des U-Rohres eingeschmolzen. Durch Einsetzen dieses Kontaktschenkels wird auch die Stabilität zum Aufstellen des Gefäßchens erzielt. Die Flüssigkeitsmenge kann 0,05 bis 0,005 ccm, also $^1/_{20}$ eines gewöhnlichen Tropfens betragen. Diese kleine Menge wird in das Capillarrohr eingebracht, wenn das mit Quecksilber etwa zur Hälfte gefüllte Gefäßchen so weit geneigt wird, bis das Quecksilber zur Mündung des Röhrchens steigt; dann wird durch Berühren des Quecksilbermeniscus mit einer die Lösung enthaltenden Pipette und vorsichtiges Aufrechtstellen des Gefäßchens die gewünschte Menge der Lösung in den Capillarschenkel eingezogen.

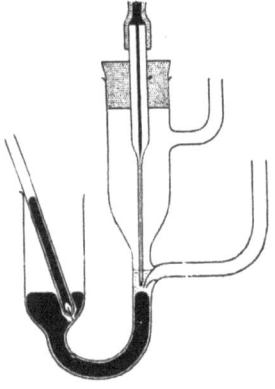

Abb. 92. Elektrolysengefäß für Untersuchungen von 1 bis 0,1 ccm der Lösung unter Luftabschluß

Es ist oft notwendig, auch die kleinsten Flüssigkeitsmengen vom gelösten Luftsauerstoff zu befreien. Für Mengen zwischen 1 bis 0,1 ccm bewährt sich ein in Abb. 92 angegebenes Gefäß. Für beide Gefäßchen wäre die dickwandige, stumpfe Capillare zu groß, und es wird deshalb eine dünn ausgezogene Capillare verwendet. Dazu eignen sich etwa 1,5 bis 2 mm dicke und 5 bis 8 cm lange Thermometercapillaren mit innerer Bohrung 0,06 bis 0,08 mm. Falls diese käuflich nicht zu erhalten sind, stellt man sie selber, und zwar aus einer dickwandigen Glascapillare von äußerem Durchmesser etwa 0,5 cm und innerem etwa 0,05 cm, her.

Dies geschieht folgendermaßen: Aus je 14 cm langen, womöglich frischen (staublosen) Jenaer Glascapillaren (Abb. 93a) wird bei stetigem Drehen in der Gebläseflamme durch schwachen Druck der mittlere Teil verdickt (Abb. 93b), bis der innere Durchmesser der Capillare ziemlich verengt, jedoch noch deutlich erkennbar ist. Dann wird das Rohr unter stetigem, langsamem Drehen von der Flamme entfernt und der mittlere Teil bei schwacher Rotglut durch langsames, aber starkes Ziehen an bei-

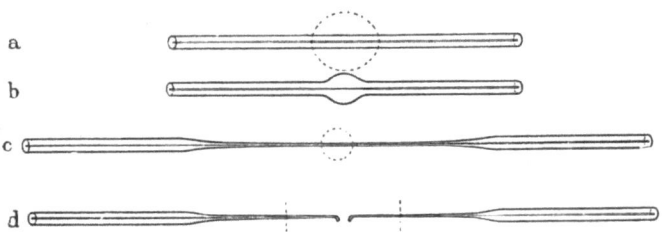

Abb. 93a bis d. Die Herstellung der Kapillaren

den Enden zu einer engen Capillare ausgezogen (Abb. 93c). Der enge Teil soll 10 cm nicht übersteigen, weil sonst die Capillare zu dünn und zerbrechlich wird. Durch Abschmelzen des engen Teiles werden 2 Capillaren gewonnen, die mit abgeschmolzenen Spitzen (Abb. 93d) staublos aufbewahrt werden. Bei dieser Zubereitung besteht die Gefahr, daß die

Capillarbohrung im Gebläse verschmilzt oder daß sie beim Ziehen zu breit wird. Deswegen bereitet man immer eine Reihe von Capillaren vor und wählt versuchsweise die passende. Der innere Durchmesser soll an der engsten Stelle 0,03 bis 0,05 mm betragen, damit das Quecksilber mit der Tropfzeit von 2 bis 3 sec bei einer Höhe des Quecksilberbehälters von ungefähr 40 cm aus der Capillare in die Lösung austropfen kann. Der Durchmesser der Capillare kann von außen nicht gemessen werden, mit Hilfe eines Vergrößerungsglases aber kann man die zugeschmolzenen und die zu breiten Capillaren absondern. Es ist der Nachteil dieser selbstbereiteten Capillaren, daß man ihren Durchmesser nicht kennt; bei den meisten polarographischen Messungen ist jedoch dieser Umstand belanglos. Ein anderer Nachteil ist die Zerbrechlichkeit der ausgezogenen Spitzen, weswegen die Handhabung solcher Capillarelektroden gewisser Geschicklichkeit bedarf.

2. Spuren von Metallen in destilliertem Wasser

Zur Übung mit dem Mikrogefäßchen prüfe man die Reinheit des destillierten Wassers. Dazu werden 25 ccm destilliertes Wasser auf einer Glas- oder Porzellanschale mit einigen Tropfen konz. Salzsäure versetzt und über dem Wasserbad zur Trockne eingedampft. Den Rückstand löst man mit 0,10 ccm 1 N HCl, fügt ein kleines Kriställchen Na_2SO_3 zu und später noch 0,15 ccm 2 N NH_3, spült mit diesen 0,25 ccm der NH_4Cl, NH_3-Lösung die Schale womöglich aus. Dann bringt man 1 oder 2 Troppfen dieser Lösung mit einer feinen Pipette in das mit Quecksilber zur Hälfte gefüllte Mikrogefäßchen (Abb. 91), stellt es unter die dünn ausgezogene Capillare und taucht die Capillare in die Lösung, so daß die Mündung 2 bis 4 mm über dem Quecksilbermeniscus steht. Dann nimmt man die Kurve offen an der Luft auf. Es erscheinen meistens ziemlich hohe Stufen von Kupfer und Zink (Abb. 94). Man überzeuge sich von der Reinheit der angewendeten Reagentien durch einen Blindversuch (Kurve 2).

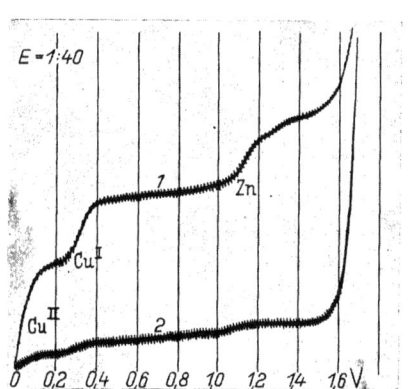

Abb. 94. Prüfung der Reinheit von destilliertem Wasser. Kurve 1: Rückstand von 25 ccm destilliertem Wasser wurde in 0,25 ccm 0,5 N NH_3, NH_4Cl (mit Na_2SO_3) gelöst. Kurve 2: Blindversuch mit der ammoniakalischen Lösung

3. Erreichen der höchsten Empfindlichkeit

Zu speziellen Mikroanordnungen gehört auch das auf S. 37 beschriebene Kompensationsverfahren zur Verminderung des Ladungsstromes, denn damit wird die größte Empfindlichkeit erreicht. Zur Einübung mit

86　Polarographische Bestimmungen

dieser Anordnung bereite man eine Lösung vor, welche womöglich frei von Sauerstoff und sonstigen Depolarisatoren ist, z. B. von etwa 15 ccm destilliertem Wasser, welche in einem Elektrolysengefäß unter Luftabschluß (Abb. 12) durch reinen Stickstoff oder Wasserstoff – zuerst in Abwesenheit von Bodenquecksilber – gründlich von Luftsauerstoff befreit werden. Dann fügt man einige Kriställchen von Natriumsulfit dem Wasser zu und löst im Gasstrom auf. Erst nachher gießt man die erforderliche Menge Bodenquecksilber in das Gefäß und leitet von neuem das Gas durch. Nun nimmt man die Kurve der Na_2SO_3-Lösung mit der größten Empfindlichkeit (1:1) und mit womöglich tief gestelltem Quecksilberbehälter (damit eine Tropfzeit von 4 bis 5 sec bei Spannung Null erzielt wird) auf. Es entstehen ziemlich große Galvanometerausschläge, welche man durch die Anordnung mittels des Gegenstromes womöglich zu Null

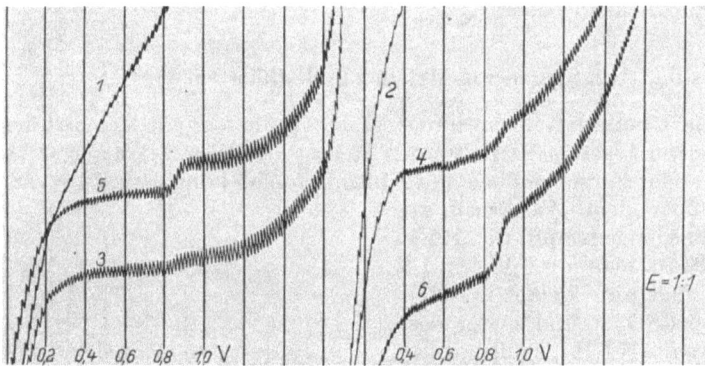

Abb. 95. Erreichen der höchsten Empfindlichkeit durch Kompensation des Ladungsstromes. Eine Na_2SO_3-Lösung mit Empf. 1:1 ohne Kompensation aufgenommen *1*. mit langsamem, *2*. mit schnellem Tropfen; *3*. und *4*. wiederholt mit Kompensation. Zu 15 ccm der Lösung wurde 0,05 ccm 0,001 N $ZnCl_2$ zugefügt (zu 3×10^{-6} N) und *5*. mit langsamem, *6*. mit schnellem Tropfen und Kompensation aufgenommen

kompensiert. Dies gelingt nie vollkommen, denn der Ladungsstrom steigt mit der Spannung nicht genau linear an, der Gegenstrom ist jedoch der Spannung proportional. Man versuche auch eine Aufnahme mit größerer Durchströmungsgeschwindigkeit, indem man den Quecksilberbehälter hochstellt und somit einen größeren Ladungsstrom erhält, welcher bei einer anderen Stellung des Drehknopfes am Widerstandsdraht kompensiert ist. Nun füge man einen Tropfen einer 0,001 N $ZnSO_4$-Lösung zu, leite das Gas durch und polarographiere die nun 3×10^{-6} N $ZnSO_4$-Lösung mit und ohne Kompensation und bei tiefgesenktem und hochgehobenem Quecksilberbehälter (Abb. 95). Man beobachtet, daß die Zn-Stufe am deutlichsten bei hohem Quecksilberdruck mit Kompensation erscheint.

Auch vor der Zn-Zugabe unterscheidet man (an Kurven *3* und *4*) deutlich die Zn-Stufe, welche als die gewöhnlichste Verunreinigung des destillierten Wassers vorkommt. Aus der Erhöhung dieser Stufe nach der Zn-Zugabe schätzt man die Verunreinigung zu 10^{-6} N Zn^{2+}.

Beim Kompensieren erhält man oft einen mit fortschreitender Spannung abfallenden Diffusionsstrom. Bei einem solchen Kurvenverlauf findet man nach E. WEINIG die richtige Stufenhöhe, wenn man den Teil vor der Stufe und den Diffusionsstrom in Richtung gegen die Stufe extrapoliert und durch die Mitte der Stufe eine parallele Linie zur Ordinate zieht. Die Schnittpunkte an dieser Linie begrenzen den wahren Diffusionsstrom.

4. Bestimmung von unedleren Bestandteilen mittels Gegenstroms

Eine andere mikroanalytische Aufgabe ist es, einen unedleren Bestandteil im Überschuß eines edleren polarographisch zu bestimmen.

Als Beispiel untersuche man eine Lösung, welche 50mal mehr Kupfer als Zink enthält. Um die Lösung offen an der Luft polarographieren zu können, fügt man in einem Becherglas zu 5 ccm einer 1 N NH_4Cl, NH_3-Lösung einige Kriställchen Na_2SO_3, 5 ccm 0,010 N $CuCl_2$ und 1 ccm 0,0010 N $ZnCl_2$ zu. Man nimmt mit einer kleinen Empfindlichkeit auf, damit die Kupferstufe etwa 7 cm hoch ist (Abb. 97, Kurve 1). Dann verbindet man die Klemmen des Galvanometers mit der Gegenstromanordnung, welche in Abb. 96 angegeben ist. Die Quelle des Gegenstroms ist ein Bleisammler oder eine Trockenbatterie, welche durch einen Ruhstrat-Widerstand von etwa 100 Ohm und einen Stöpselwiderstand von 5000 Ohm geschlossen ist. Von dem Schleifwiderstand zweigt der Strom zum Galvanometer ab, hat jedoch einen hochohmigen Widerstand (von etwa 100000 Ohm) eingereiht. Falls

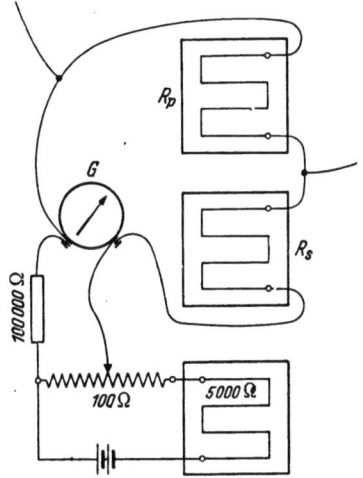

Abb. 96. Schaltungsschema zur Erniedrigung der Stufenhöhen mittels Gegenstromes

das Galvanometer 2 Spulen hat, leitet man den Gegenstrom durch die freie Spule. Es handelt sich nun darum, den Diffusionsstrom der Kupferabscheidung durch den Gegenstrom zu Null zu kompensieren. Zu diesem Zweck legt man eine solche Spannung am potentiometrischen Meßdraht an, daß der Diffusionsstrom des Kupfers, nicht aber des Zinks erreicht ist, und vergrößert den Widerstand am Ruhstrat so lange, bis der Diffusionsstrom fast zu Null kompensiert ist. Dann vergrößert man die Empfindlichkeit 20fach und kompensiert genauer zu Null. Falls der Ruhstrat-Widerstand nicht ausreicht, vermindert man den Stöpselwiderstand um einige tausend Ohm. Somit kann zwar der Diffusionsstrom zu Null kompensiert werden, die durch das Abtropfen verursachten Schwingungen des Galvanometers sind aber dadurch nicht vermindert. Um diese zu verkleinern, muß das Galvanometer mehr gedämpft werden. Dies gelingt – bei ungestörter Empfindlichkeit – nach E. FORCHE [20] – durch Parallelschaltung eines Kondensators zum Galvanometer. Die Kapazität des Kondensators soll mindestens 500 bis einige tausend Mikrofarad betragen, weswegen man einen „elektrolytischen" Kondensator für kleine Spannung wählt. Wenn dadurch die Galvanometerschwingungen weitgehend gedämpft sind, nimmt man einen Teil des Diffusionsstroms von Kupfer und die Stufe des Zinks mit womöglich hoher Empfindlichkeit und kleinem Spannungsabfall am potentiometrischen Meßdraht auf (Kurve 2, Abb. 97).

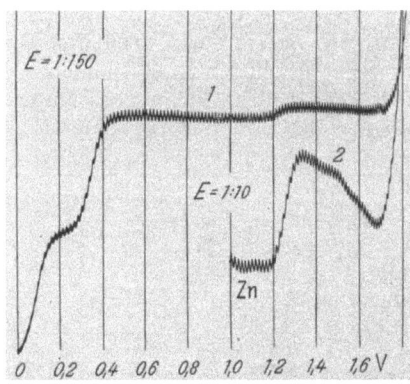

Abb. 97. Bestimmung von Zink in Überschuß von Kupfer. Eine 0,005 N CuCl$_2$ und 0,0001 N ZnCl$_2$-Lösung in 0,5 N NH$_3$, NH$_4$Cl (mit Na$_2$SO$_3$) *1.* mit Empf. 1:150 ohne Gegenstrom von 0 V und *2.* mit Empf. 1:5 mit Gegenstrom von 1,0 V Spannung an aufgenommen

Durch die gesteigerte Dämpfung des Galvanometers wird die Bewegung der Galvanometerspule so träge, daß man eine sehr langsame Steigerung der Spannung anwenden muß, damit die entsprechende Stufenhöhe tatsächlich erreicht wird. Am besten ist es, wenn die Spannung im Bereiche der Stufe liegt, das potentiometrische Rad (mit der Hand) nach jeder halben Minute etwas weiter zu drehen, bis man zum höchsten Ausschlag gelangt. Das Sinken des Stroms bei höheren Spannungen (Kurve 2) ist durch das bei negativeren Potentialen immer schneller werdende Tropfen verursacht.

VI. Unterdrücken der Maxima

1. Durch Farbstoffe

Die Maxima an den Stromspannungskurven, welche infolge des inhomogenen elektrischen Feldes durch Wirbeln der Lösung in der Umgebung der Tropfelektrode entstehen, werden durch dipolartige, adsorbierbare, sog. „oberflächenaktive" Teilchen unterdrückt. Je größer das Adsorptionsvermögen des Körpers, desto größer ist auch sein Unterdrückungsvermögen der Maxima. Das Unterdrückungsvermögen definiert man durch die Verdünnung, in welcher der Stoff das maximale Sauerstoffmaximum (also in 0,0014 N KCl) zur Hälfte unterdrückt. Die Messung wird folgendermaßen ausgeführt: Man bereitet eine millimolare Lösung eines Farbstoffes, z. B. 0,50 g Säurefuchsin in einem Liter 0,0014 N KCl. Von dieser Lösung gibt man zu 50 ccm 0,0014 N KCl, welche in einem größeren Becherglas mit Bodenquecksilber und Tropfelektrode zum Polarographieren vorbereitet sind, je 1 ccm der Farbstofflösung und nimmt das Maximum auf. Man setzt die Zugaben und Aufnahmen solange fort, bis das Maximum mehr als zur Hälfte unterdrückt ist (Abb. 98). Nach dem Polarogramm zeichnet man ein Diagramm, in welchem die Ordinaten die Höhen des Maximums und die Abscissen die zugefügten Mengen des Farbstoffes darstellen. Aus diesem Diagramm findet man leicht, welcher Konzentration eine Unterdrückung zur Hälfte entspricht.

Der reziproke Wert dieser Konzentration, d. h. die Verdünnung, gibt das Unterdrückungsvermögen an und ist dem Adsorptionskoeffizienten proportional. In unserem Fall ist der Wert gleich 1 Mol je $0,4 \times 10^4$ Liter. Eine ähnliche Unterdrückungswirkung zeigen außer Farbstoffen auch

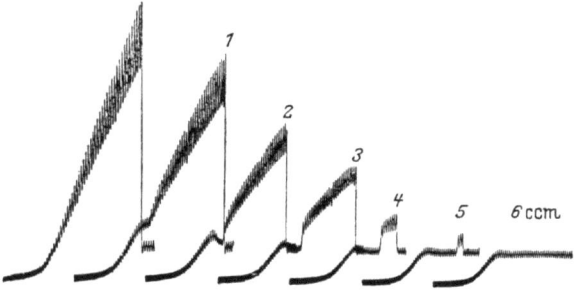

Abb. 98. Bestimmung des Adsorptionsvermögens von Säurefuchsin. Zu 50 ccm einer 0,0014 N KCl-Lösung wurden 1,2... bis 6 ccm einer 0,001 M Säurefuchsinlösung zugegeben. Empf. 1 : 20, 4-V-Akkumulator

viele andere aromatische, polymerisierte oder hochmolekulare Stoffe, wie z. B. Salicyl- und Sulfosalicylsäure, Alkaloide, Cellulose (Tylose), Proteine (Gelatine) und Kolloide überhaupt. Einige von diesen (Gelatine, Tylose, Colloresin) benutzt man deswegen, um lineare reine Diffusionsströme ohne Maxima zu erhalten.

2. Unterdrückung der Maxima durch Naturprodukte

Da vielen Naturprodukten Verunreinigungen von hochmolekularen Stoffen beigemengt sind, können dieselben von synthetischen Stoffen durch höheres Unterdrückungsvermögen unterschieden werden. Man vergleiche z. B. einen verdünnten Essiggeist mit einer Essigsäure von gleicher Konzentration in ihren Wirkungen auf das Sauerstoffmaximum. Zu 5 ccm Wasser gebe man einmal 2 Tropfen einer 12%igen Essigsäure und einmal 2 Tropfen konzentrierter Essigessenz. Obzwar beide Lösungen etwa 0,2% Essigsäure enthalten, wird das Maximum nur durch den gegorenen Essig unterdrückt (Abb. 99).

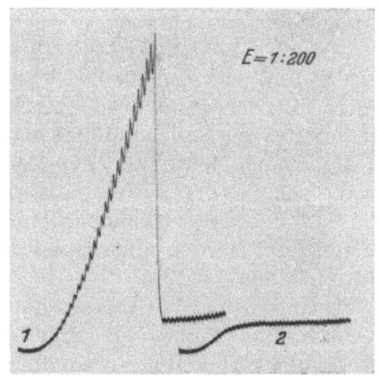

Abb. 99. Unterdrückungswirkung des gegorenen Essigs. *1.* 5 ccm Wasser enthalten 2 Tropfen 12%iger Essigsäure; *2.* 5 ccm Wasser enthalten 2 Tropfen Essigessenz

3. Unterscheidung des Reinheitsgrades von Wasser

Je mehr hochmolekulare und kolloide Verunreinigungen das Wasser enthält, desto mehr unterdrückt es das Luftsauerstoffmaximum.

Als Grundlösung dient eine 0,01 N Kaliumchloridlösung, welche mit reinstem destilliertem Wasser frisch hergestellt ist. Zuerst mischt man gleiche Teile (5 ccm) Grundlösung und destilliertes Wasser und polarographiert. Man stellt die Empfindlichkeit dabei so ein, daß die Papierbreite möglichst ausgenutzt wird, was bei einer Empfindlichkeit von etwa 1 : 100 der Fall ist. Nun vermischt man 5 ccm Grundlösung mit 5 ccm Probewasser und mißt die Höhe des Maximums. Bei sehr reinen Wässern bekommt man eine nur geringfügige Verkleinerung des Maximums; bei sehr stark verunreinigten Wässern verschwindet das Maximum vollständig. Am genauesten ist die Analyse, wenn die Höhe des Maximums etwa auf den halben Wert herabgedrückt wird. Bei Wässern mit großem Gehalt an kolloidalen Verunreinigungen geht man daher am besten so vor, daß man die Probe so lange mit destilliertem Wasser verdünnt, bis eine Mischung mit gleichen Teilen Grundlösung gerade oder ungerade eine Unterdrückung des Maximums zur Hälfte ergibt. Zum Ausprobieren nimmt man nicht viele Kurven auf, sondern man erkennt beim Durchdrehen des Potentiometers mit der Hand am Lichtzeiger, ob man schon richtig verdünnt hat. Ist dies der Fall, so nimmt man die Kurve auf.

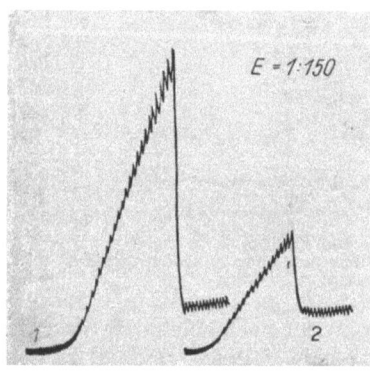

Abb. 100. Luftsauerstoffmaximum in einer 0,0014 N KCl-Lösung, welche *1*. mit destilliertem Wasser; *2*. mit Trinkwasser der Wasserleitung hergestellt wurde

Als Einheit sieht man jenen Verunreinigungsgrad an, den ein Wasser besitzt, wenn es beim direkten Mischen mit gleichen Teilen Grundlösung eine Maximumunterdrückung auf gerade die Hälfte erzeugt. Bei Wässern, die verdünnt werden müssen, ist einfach mit dem Verdünnungsgrad zu multiplizieren.

Als ein Beispiel der Reinheit eines städtischen Trinkwassers sieht man in Abb.100 eine Kurve *1* einer 0,0014 N KCl-Lösung, welche mit destilliertem Wasser vorbereitet wurde, und eine Kurve *2* einer 0,0014 N KCl-Lösung, welche mit Trinkwasser aus der Wasserleitung vorbereitet wurde.

Die verdünnten, 0,001 bis 0,01 N KCl-Lösungen benutzt man deswegen, weil bei diesen Konzentrationen der starken Elektrolyten das höchste Sauerstoffmaximum erreicht wird. In konzentrierteren Lösungen wird es unterdrückt, und in sehr verdünnten entwickelt es sich nicht wegen hohen Widerstands.

VII. Analyse einer Lösung von unbekannter Zusammensetzung

Obzwar eine vollständige qualitative und quantitative Analyse einer völlig unbekannten Lösung mit dem Polarographen nicht möglich ist, kann eine polarographische Untersuchung doch wichtige Auskünfte über die Zusammensetzung der Lösung bringen. Die zu untersuchende Lösung wird vorerst unter Luftabschluß aus einer Bürette der „leeren" Lösung zugefügt. Eine dazu geeignete Vorrichtung zeigt Abb. 101. Sie besteht aus einem mit 2 Hähnen versehenen Gefäß von etwa 20 ccm Inhalt, in welches zum Durchleiten des Gases ein beinahe bis zum Boden reichendes Zuleitungsrohr eingeschmolzen ist. Die zu untersuchende Lösung wird in dieses Gefäß eingesaugt, worauf dieses auf die leere Bürette aufgesetzt und durch Gummischläuche mit den Röhrchen der Bürette und des elektrolytischen Gefäßes verbunden wird.

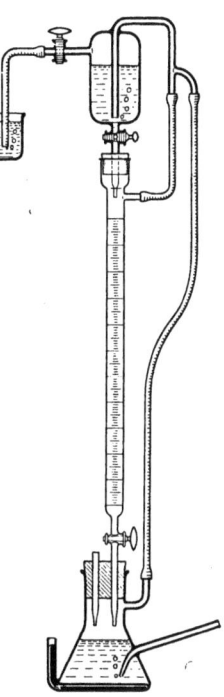

Abb. 101. Bürette für Untersuchungen unter Luftabschluß

Das elektrolytische Gefäß trägt einen zweimal gebohrten Gummistöpsel; in eine Öffnung desselben wird das Ausflußrohr der Bürette eingesetzt und in die zweite Öffnung die Capillare mit der tropfenden Quecksilberelektrode. In das Elektrolysengefäß bringt man ein genau bekanntes Volumen der Lösung des indifferenten Elektrolyten und leitet ein indifferentes Gas durch diese Lösung, durch die leere Bürette und das Gummirohr, sowie durch die in dem obigen Gefäß sich befindende Lösung. Je enger die Mündungen der Zuleitungsröhrchen sind, desto schneller werden die Lösungen von Luft befreit. Bei regem Gasstrom und dem oben angegebenen Flüssigkeitsvolumen ist der größte Teil der Luft in 5 bis 10 Minuten ausgetrieben. Falls die zu untersuchende Probelösung neutral oder sauer reagiert, fügt man sie zuerst einer 0,1 N CaCl$_2$- (oder 0,1 N LiCl-)Lösung, die sich als die indifferente Lösung im Elektrolysengefäße befindet, zu. Durch Aufnahme der leeren Lösung mit einer Empfindlichkeit 1 : 10 überzeugt man sich, daß der Luftsauerstoff tatsächlich entfernt ist (Abb. 102, Kurve *1*). Dann läßt man in die Bürette etwa 10 ccm der zu untersuchenden Probelösung ein und füllt die Bürette durch vorsichtiges Öffnen des Bürettenhahnes mit der Lösung bis zur Mündung. Darauf notiert man den Teilstrich des Meniscus in der Bürette und läßt einen Tropfen in die „leere" Lösung ein. Nach kurzem Umrühren mit dem Gasstrom untersucht man den Verlauf der Kurve, ohne ihn aufzunehmen. Ist keine auffällige Änderung im Kurvenverlauf zu beobachten, gibt man etwas mehr zu, bis im ganzen 0,25 ccm aus der Bürette zugegeben sind. Nach Durchleiten des Gases nimmt man Kurve *2* mit $E = 1 : 10$ auf. Dabei beobachtet man an der Lichtmarke den Kurvenverlauf und bemerkt bei Spannungen von 1,0 V und 1,5 V etwa 1 cm hohe Stufen und bei 2,0 V eine etwa 5 cm hohe Stufe. Um diese besser messen zu können, fügt man noch 0,25 ccm (also im ganzen 0,5 ccm) aus der Bürette zu und nimmt nach Durchleiten des Gases auf (Kurve *3*, Abb. 102). Aus dem Kurvenverlauf bemerkt man, daß auch bei Spannung 0 und 0,4 V Stufen auftreten. Deshalb gibt man noch 1,5 ccm (also im ganzen 2,0 ccm) zu und nimmt mit Empfindlichkeit 1 : 10 (Kurve 4) und an der rechten Seite des Polarogramms mit 1 : 100 Empfindlichkeit auf (Kurve 5). Damit die Stufen der Kurve, welche mit 1 : 100 aufgenommen wurde, gut meßbar sind, fügt man noch 2,0 ccm zu (im ganzen 4,0 ccm) und nimmt wieder sowohl mit 1 : 10 wie mit 1 : 100 auf (Kurven 6 und 7). Damit auch die geringsten Mengen der Depolarisatoren durch ihre Stufen zum Vorschein kommen, gibt man zuletzt zu der Lösung noch 6 ccm (im ganzen 10 ccm) und nimmt wieder mit Empfindlichkeit 1 : 10 und 1 : 100 auf (Kurven 8 und 9).

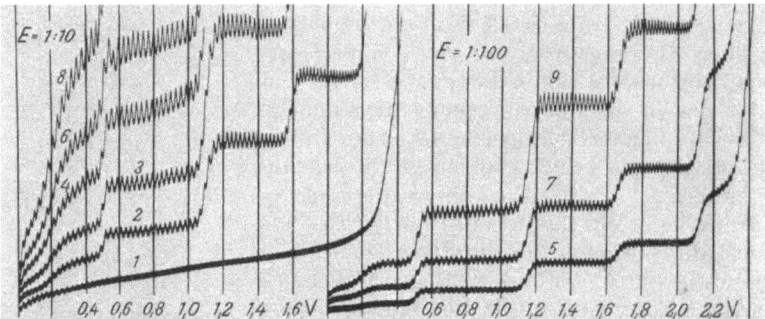

Abb. 102. Untersuchung einer unbekannten Lösung. Zu 10 ccm 0,1 N CaCl₂ (Kurve 1) wurden zugegeben: 2. 0,25 ccm, 3. 0,5 ccm, 4. und 5. 2,0 ccm, 6. und 7. 4 ccm, 8. und 9. 10 ccm der zu untersuchenden Lösung (in Stickstoffatmosphäre)

Am entwickelten Polarogramm beobachtet man zunächst die Halbstufenpotentiale. Da die Elektrolytlösung an Cl'-Ionen 0,1 N ist und das Gemisch nicht alkalisch reagiert, ist das Bodenpotential gleich + 0,05 V bezogen auf die 1 N-Kalomelelektrode. Diesen Wert muß man also von den Halbstufenspannungen abziehen, damit man das Halbstufenpotential $E_{1/2}$ erhält. Von Kurve 2 schätzt man am noch nassen Polarogramm die Werte der Halbstufenspannungen als 1,08 V, 1,56 V, 1,96 V und von Kurve 6 noch 0,50 V ab und bemerkt eine Doppelstufe zwischen 0 und 0,2 V. Gemäß der Formel $E_{1/2} = E_a - V$ (s. S. 19) erhält man folgende Halbstufenpotentialwerte: 0, −0,15 V, −0,45 V, −1,03 V, −1,51 V, −1,91 V, welche Annäherungswerte sind, da wir den genauen Wert des Anodenpotentials nicht kennen. Nun finden wir in den Tabellen (S. 97) oder vom Diagramm (s. S. 101) die Depolarisatoren, deren Halbstufenpotentiale den oben angegebenen Werten von $E_{1/2}$ am nächsten liegen.

Es sind dies: Cu^I und Cu^{II} (bei 0 V)

Pb, Tl, Sn (bei −0,42 V)

Zn, Ni (bei −1,06 V)

Mn (bei −1,55 V)

Ba (bei −1,94 V)

Vom Polarogramm (Abb. 102) können wir auch die Konzentrationen dieser Depolarisatoren abschätzen, denn mit der hier benutzten polarographischen Apparatur erhält man in einer 0,001 N-Konzentration eines Depolarisators bei der Empf. 1 : 20 eine 6,5 cm hohe Stufe, was einer 13 cm-Stufe der Empf. 1 : 10 entspricht. Die ursprünglichen Konzentrationen in der zu bestimmenden Lösung berechnet man wie folgt: Man wählt eine gut meßbare Stufe, z. B. die Stufe bei 1,96 V Spannung der Kurve 7, welche bei Empf. 1 : 100 38 mm hoch ist. Bei Empf. 1 : 10 wäre diese Stufe 38 cm hoch, was einer Konzentration von $0{,}001 \times \frac{38}{13}$ N = 0,003 N entspricht. Die Lösung wurde nach Zugabe von 4 ccm der Probe zu 10 ccm des Elektrolyten erhalten. Die ursprüngliche Lösung ist daher $^{14}/_{4}$mal konzentrierter, d. h. $0{,}003 \times \frac{14}{4}$ N = 0,01 N an Ba^{2+}-Ionen. Die Mn^{2+}-Stufe bei 1,54 V wird am besten von Kurve 9 gemessen und ist bei Empf. 1 : 100 13 mm hoch. Bei Empf. 1 : 10 wäre sie 13 cm hoch, was eine 0,001 N-Konzentration angibt. Diese Lösung wurde aber durch Zugabe von 10 ccm zu 10 ccm erhalten. Die ursprüngliche Konzentration der Mn^{2+}-Ionen ist daher 0,002 N. Die Stufe von Zn + Ni ist an Kurve 9 gemessen, bei Empf. 1 : 100 12 mm hoch; die ursprüngliche Konzentration von Zn + Ni ist daher 0,0019 N. Die Stufe Pb, Sn, Tl bei 0,45 V wird am besten an Kurve 6 gemessen; sie ist – mit Empf. 1 : 10 – 28 mm hoch, das entspricht einer Konzentration von $\frac{2{,}8}{13} \times 0{,}001$ N, da jedoch 4 ccm zu 10 zugefügt wurden, ist die ursprüngliche Konzentration $\frac{2{,}8}{13} \times \frac{14}{4} \times 0{,}001$ N = 0,0007 N. Die Doppelstufe bei 0 V ist, von Kurve 8 gemessen, 40 mm hoch, was einer Konzentration von $\frac{4}{13} \times 0{,}001$ N entspricht. Da aber diese Lösung 10 ccm der Probe auf 10 ccm der Elektrolytlösung enthält, ergibt sich die Konzentration zu $\frac{8}{13} \times 0{,}001$ N = 0,0006 N.

Die hier ermittelten quantitativen Angaben müssen als annähernde, mit einem Fehler von etwa 10% belastete Werte betrachtet werden, da deren Berechnung aus den Stufenhöhen sich auf die nicht genau zutreffende Annahme stützt, daß äquivalente Ionenkonzentrationen gleich hohe Stufen hervorrufen. Nach der Gleichung von D. ILKOVIČ (s. S. 26) ist aber die Stufenhöhe der zweiten Wurzel der Diffusionskonstante der betreffenden Ionen proportional, weswegen auch bei äquivalenten Konzentrationen kleine Unterschiede der Stufenhöhen entstehen. Die Kationen neigen auch verschiedentlich zu Komplexen mit dem Zusatzelektrolyten, wodurch nicht nur die Diffusionsströme, sondern auch der Wert der Halbstufenpotentiale in gewissen Grenzen schwankt. Zu genauen quantitativen Messungen müssen daher immer individuelle Eichkurven hergestellt werden.

Auf dem ersten Polarogramm (Abb. 102) kann man nicht entscheiden, welche von den sich bei 0,45 V und bei 1,03 V abscheidenden Kationen anwesend sind. Ein erfahrener Polarographist erkennt zwar, daß die bei 1,03 V steil ansteigende Stufe nicht den Ni^{2+}, sondern vielmehr den Zn^{2+}-Ionen zugehört, denn die Ni-Stufe würde weniger steil verlaufen. Auch weiß ein Analytiker, daß Sn^{2+}-Ionen in einer neutralen, längere

Zeit offen stehenden Lösung oxydiert sein müssen und daß daher die Stufe bei 0,45 V nur den Pb^{2+}- und Tl^+-Ionen angehören kann. Wenn man aber systematisch fortschreiten soll, muß die zu untersuchende Probe noch in einer ammoniakalischen und in einer alkalischen Lösung untersucht werden. Dazu braucht man nicht mehrere Kurven aufzunehmen, denn die quantitative Zusammensetzung der Probe ist bereits bekannt. Eine weitere Vereinfachung liegt nun darin, daß man die Lösung mit Sulfitzusatz offen untersuchen kann.

Man fügt in kleinem Becherglas zu 10 ccm 0,05 N NH_3, NH_4Cl einige Kriställchen Na_2SO_3 zu, versetzt mit Quecksilber und Tropfelektrode und nimmt die „leere" Lösung auf (Kurve *1*, Abb. 103). Dann fügt man

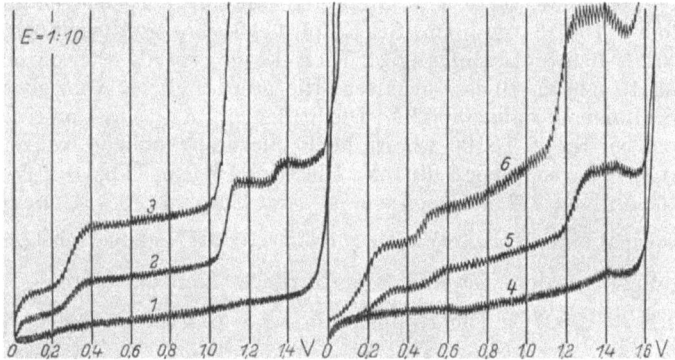

Abb. 103. Untersuchung in alkalischen Lösungen. 0,5 N NH_3, NH_4Cl (mit Na_2SO_3) *1.* leere Lösung; zu 10 ccm dieser Lösung wurden *2.* 1 ccm und *3.* 2 ccm der zu untersuchenden Lösung zugefügt. 1,0 KOH (mit Na_2SO_3); *4.* leere Lösung; zu 10 ccm dieser Lösung wurden *5.* 1 ccm und *6.* 3 ccm der zu untersuchenden Lösung zugefügt

1 ccm der Probe zu, wobei eine weiße Trübung entsteht. Diese Lösung wird aufgenommen (Kurve *2*, Abb. 103). Das Anodenpotential ist wegen der Sulfitzugabe bedeutend negativer als in reinen Lösungen von NH_3 und NH_4Cl, und zwar etwa bei $-0,25$ V, was auch an der Abscheidung von NH_4-Ionen zu bemerken ist, denn diese soll bei $-1,80$ V beginnen, auf dem Polarogramm dagegen erscheint sie bei der Spannung 1,55 V. Dann müssen wir etwa 0,25 V zu den beobachteten Halbstufenspannungen zurechnen, damit wir die Halbstufenpotentiale erhalten (s. S. 19). Die kleine Stufe bei 1,36 V entspricht dann $-1,61$ V, was dem Halbstufenpotential des Mn(II) in ammoniakalischer Lösung am nächsten liegt. Die große Stufe bei 1,08 entspricht dem Wert der Zn^{2+}-Ionen. In Anwesenheit von Ni sollte etwa 0,2 V vor der Zn-Stufe die Ni-Stufe erscheinen. Da diese jedoch nicht beobachtbar ist, enthält die Probe keine Ni^{2+}-Ionen. Hier ist die Mn-Stufe deswegen viel kleiner als die Zn-Stufe, weil Mn(II) in der ammoniakalischen Lösung auch bei Gegenwart von Sulfit oxydiert wird und ausfällt. Wenn noch 1 ccm zugefügt ist (Kurve *3*), sieht man, daß die zweite Kupferstufe bei $E_{1/2} = -0,5$ V etwa zweimal höher als die erste ist. Das erklärt sich durch Anwesenheit von Tl^+-Ionen,

deren $E_{1/2}$ bei $-0,5$ V liegt. Die Pb^{2+}-Ionen sind hier nämlich ausgefällt. Danach wäre die Konzentration der Tl^+-Ionen gleich etwa der Hälfte der Cu^{2+}-Ionen, also 0,0003 N.

Die Pb^{2+}-Ionen können quantitativ in einer alkalischen Lösung bestimmt werden. Dazu löst man in 10 ccm Wasser einige Kriställchen Na_2SO_3 und, wenn sie gelöst sind, etwa 0,6 g festes KOH. Nach der Aufnahme dieser „leeren" Lösung fügt man 1 oder 2 ccm der Probe zu und erhält somit Kurve 5 und 6 (Abb. 103). Das Anodenpotential ist wieder infolge der Sulfitzugabe ziemlich negativ geworden, etwa $-0,3$ V, wie man aus der Lage der K-Stufe bei 1,58 abschätzen kann, da sie bei $-1,88$ V beginnen soll. Deswegen entspricht der Stufe bei 0,5 V Spannung das Halbstufenpotential des Plumbits (bei $-0,8$ V).

Die Stufe bei 0,2 V, d.h. bei $E_{1/2} = -0,5$ V, ist jene der Tl^+-Ionen, der Anstieg vom Nullwert der Spannung an ist durch die Anwesenheit des Kupfers verursacht. Die Pb-Stufe ist hier 7 mm, die Tl + Cu-Stufe 18 mm hoch. Da die Summe der Tl^+- und Cu^{2+}-Konzentration gleich 0,0009 ist, kann man den Pb-Gehalt in der Probe zu 0,00035 abschätzen. Die Stufe bei 1,18 V, d.h. bei $E_{1/2} = -1,48$ ist dem Zinkat und eine bei 0,8 V Spannung undeutlich aufsteigende Stufe der Anwesenheit des Mangans zuzuschreiben.

Wenn es sich nun um die Bestimmung der Anionen handelt, gibt man zu 10 ccm 0,1 N Na_2SO_4, welche unter Luftabschluß durch Stickstoff von Luftsauerstoff befreit ist, zuerst eine kleine Zugabe von der zu untersuchenden Lösung, z.B. 3 Tropfen (Kurve 2, Abb. 104). Bei der Auf-

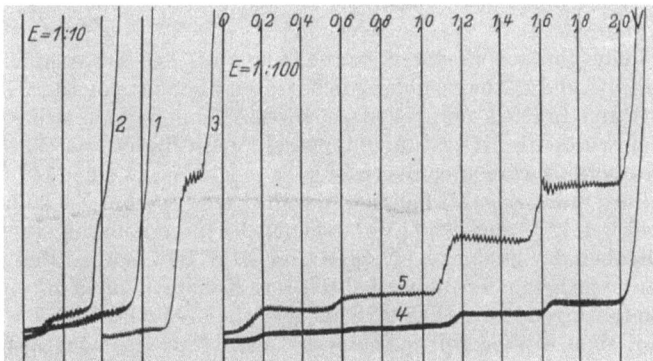

Abb. 104. Untersuchung in 0,1 N Na_2SO_4 in Stickstoffatmosphäre. *1.* leere Lösung kathodisch-anodisch, *2.* 0,15 ccm der zu untersuchenden Lösung wurde zugegeben. *3.* 1,0 ccm wurde zugefügt und kathodisch-anodisch aufgenommen. *4.* die letzte Lösung nur kathodisch aufgenommen; *5.* wiederholt nach Zugabe von 10 ccm

nahme muß die Tropfelektrode anodisch polarisiert werden. Dazu tauscht man die Zuleitungsdrähte zur Kathode und Anode um und polarisiert kathodisch-anodisch. Da eine nicht ganz deutliche anodische Stufe erschienen ist, gibt man mehr von der Probe zu, z.B. 1,0 ccm, und nimmt mit 1:100 Empf. kathodisch-anodisch auf (Kurve 3, Abb. 104). Es entsteht eine scharf ansteigende Stufe, etwa 0,2 V vor dem anodischen Auflösen des Quecksilbers, welche der Cl'-Stufe angehört. Zur quantitativen Bestimmung der Cl'-Ionen eignen sich nur Stufen in verdünnten Lösungen. Deshalb berechnen wir die Konzentration aus der 27 mm hohen Stufe bei Empf. 1 : 10. Dabei wurde 0,15 ccm der Probe zu 10 ccm der Elektrolytlösung zugefügt. Die ursprüngliche Konzentration der Cl'-Ionen ergibt sich daher als $\frac{2,7}{13} \times \frac{10}{0,15} \times 0{,}001\,\mathrm{N} = 0{,}013\,\mathrm{N}$. Wenn nun die Lösung unter Luftabschluß mit dem 0,1-N-Na_2SO_4-Elektrolyten vorliegt, kann man sich von der Richtigkeit der früheren analytischen Schlüsse weiter überzeugen, indem man diese Lösung auch bei der kathodischen Polarisation aufnimmt. So erhält man Kurven *4* und *5* (Abb. 104). Wegen des Überschusses von SO_4''-Ionen verschwinden die Stufen der Pb^{2+}- und Ba^{2+}-Ionen, und wir erhalten zwei gleich große Stufen der Zn^{2+}- und Mn^{2+}-Ionen, welche der Konzentration von 0,002 N entsprechen. Man erkennt auch die Tl-Stufe, welche etwa der Hälfte der Cu-Stufe entspricht.

Das Ergebnis der Analyse ist daher:

0,01 N Ba^{2+},   0,002 N Mn^{2+},

0,0019 N Zn^{2+},   0,00035 N Pb^{2+},

0,0003 N Tl^+,   0,0006 N Cu^{2+}, 0,013 N Cl'.

Man bemerkt, daß die Konzentration der Chloride der Gesamtkonzentration der Kationen etwa gleich ist. Die Salze in der Probe sind daher nur Chloride.

Daß keine Sulfate anwesend waren, folgt aus der Anwesenheit der Ba^{2+}-Ionen. Auf die Abwesenheit von Nitraten kann man aus der Gleichheit der Stufen in $CaCl_2$ und Na_2SO_4 schließen, denn in Anwesenheit von SO_4''-Ionen würde die NO_3'-Stufe unterdrückt. Ein Beweis von Ni in Anwesenheit von Zn wäre auch durch Zugabe der Probe zu einer 1 N KCN-Lösung (mit Sulfit-Zusatz) möglich, da in dieser Lösung Zn keine, Ni jedoch bei $-1{,}42$ V eine Stufe verursacht. Wichtige Aufschlüsse geben ferner Zugaben der Probe zu 1 N H_2SO_4 oder 1 N HCl, namentlich wenn die zu untersuchende Lösung alkalisch ist. Nitrate können in einigen neutralen Lösungen stören, da ihre Stufe zwischen $-1{,}2$ und $-1{,}7$ V fällt. Bei organischen Stoffen soll man durch Destillation die flüchtigen Bestandteile trennen und das Destillat sowie auch den Rückstand in Pufferlösungen von verschiedenen p_H-Werten (z. B. bei $p_H = 1, 5, 7, 9, 13$) polarographisch unter Luftabschluß untersuchen.

Aus dem oben Angegebenen ersieht man, daß ein systematischer Analysengang in der Polarographie nicht vorliegt. In der Analyse völlig unbekannter Proben hilft nur die Gewandheit eines Analytikers, welcher die eigenartigen polarographischen Reaktionen gut beherrscht. Deswegen eignet sich die polarographische Analyse nur zum Ausführen von speziellen Bestimmungen und zu Untersuchungen wissenschaftlicher Art, in welchen die Zusammensetzung der Lösung bekannt ist und nur physikalisch-chemische Vorgänge oder Eigenschaften erforscht werden.

VIII. Tabellen der Depolarisationspotentiale

Tabelle 1. *Reduktionspotentiale anorganischer Stoffe*

Reduktionsvorgang	Halbstufenpotential			
	in saurer	in neutraler	in ammoniakalischer	in alkalischer
	Lösung mit monovalenten Kationen			
$O_2 \to H_2O_2$	$+0{,}05^1$	0^1	$-0{,}17^1$	$-0{,}20^1$
$H_2O_2 \to H_2O$	$-0{,}8$	$-1{,}1$	$-1{,}1$	$-1{,}1$
$(CN)_2 \to 2\,CN^-$	—	$-1{,}15^1$	—	—
$SO_2 \to S_2O_4^{2-}$	$-0{,}31$	$-1{,}13$	—	—
$NO(HNO_2) \to NH_3$	$-0{,}76^1$	—	—	—
$NO_2^-, NO_3^- \to NH_3$	in 0,1 n $LaCl_3$	$-1{,}3^1$	—	—
$BrO_3^- \to HBr$	$-0{,}16^1$	$-1{,}66^1$	$-1{,}66^1$	$-1{,}66^1$
$JO_3^- \to HJ$	$+0{,}13^1$	$-1{,}09^1$	—	$-1{,}09^1$
$JO_3^- \to JO_3^-$	$+0{,}15^1$	—	—	—
$ReO_4^- \to Re^-$	$-0{,}50$	$-1{,}45$	—	—
$UO_2 \to (U^V)U^{IV}$	$-0{,}1$	$-0{,}28,\ -1{,}08$	$-0{,}8,\ -1{,}4$	—
$Eu^{3+} \to Eu^{2+}$	$-0{,}77$	—	—	—
$Yb^{3+} \to Yb^{2+}$	$-1{,}48$	—	—	—
$Ti^{IV} \to Ti^{III}$	$-0{,}98$	—	—	—
$VO_3^- \to (V^{II})V^{III}$	$-0{,}83$	—	$-1{,}23$	$-1{,}66$
$Co^{3+} \to Co^{2+}$	—	—	$-0{,}41$	—
$Cr^{3+} \to Cr^{2+}$	$-0{,}78$	—	$-1{,}46$	—
$CrO_4^{2-} \to Cr^{2+}$	—	—	$-0{,}36$	$-0{,}89$
$MoO_4^{2-} \to Mo^{III}$	$-0{,}3$	—	—	—
$WO_4^{2-} \to W^{III}$	$-0{,}46$	—	—	—
$OsO_4^- \to OsO_2$	—	—	—	$-0{,}44$
$OsO_2 \to Os_2O_2$	—	—	—	$-1{,}20$
$SeO_3^{2-} \to Se$	$-0{,}1$	—	$-1{,}43$	—
$TeO_3^{2-} \to Te$	0	—	$-0{,}65$	—

Tabelle 2.
Halbstufenpotentiale (in V) *bei Abscheidungen, bezogen auf 1 n Kalomelektrode*

Kation	In neutraler oder saurer Lösung freier Kationen	In 1 n Alkali	1 n NH_3 1 n NH_4Cl	1 n KCN	10% Tartrat oder Citrat
Ca^{2+}	$-2{,}23$	$-2{,}23$	—	—	—
Li^+	$-2{,}31$	$-2{,}31$	—	—	—
Mg^{2+}	$-1{,}9$	—	—	—	—
Sr^{2+}	$-2{,}13$	$-2{,}13$	—	—	—
Na^+	$-2{,}15$	$-2{,}15$	—	—	—
K^+	$-2{,}17$	$-2{,}17$	—	—	—
Rb^+	$-2{,}07$	$-2{,}07$	—	—	—
Cs^+	$-2{,}09$	$-2{,}09$	—	—	—
NH_4^+	$-2{,}07$	$-2{,}17$	—	—	—
Ba^{2+}	$-1{,}94$	$-1{,}94$	—	—	—
Ra^{2+}	$-1{,}89$	$-1{,}89$	—	—	—
Al^{3+}	$-1{,}70$	—	—	—	—
Mn^{2+}	$-1{,}55$	$-1{,}74$	$-1{,}69$	$-1{,}37$	$-1{,}7$
Cr^{2+}	$-1{,}42$	$-1{,}98$	$-1{,}74$	—	—
Fe^{2+}	$-1{,}33$	$-1{,}56$	$-1{,}52$	—	—
H^+	$-1{,}60$	—	—	—	—

[1] Fuß der Stufe.

Tabelle 2 (Fortsetzung)

Kation	In neutraler oder saurer Lösung freier Kationen	In 1 n Alkali	1 n NH$_3$ 1 n NH$_4$Cl	1 n KCN	10% Tartrat oder Citrat
Co^{2+}	−1,23	−1,44	−1,32	−1,2	−
Ni^{2+}	−1,09	−	−1,14	−1,42	−
Zn^{2+}	−1,06	−1,41	−1,38	−	−
In^{3+}	−0,63	−1,13	−	−	−
Cd^{2+}	−0,63	−0,80	−0,85	−1,15	−0,87
Sn^{2+}	−0,47	−1,18	−	−	−0,72
Pb^{2+}	−0,46	−0,81	−	−0,74	−0,67
Tl$^+$	−0,50	−0,50	−0,52	−	−0,52
Sb^{3+}	−0,21	−1,2	−	−1,17	−
Bi^{3+}	−0,03	−	−	−	−0,41
Cu^{2+}	−0,03	−0,52	−	−	−0,21
Cu$^+$	−	−	−0,54	−	−0,21
Au$^+$	−	−1,3	−	−1,5	−
Au^{3+}	−	−0,6	−	−	−

Tabelle 3. *Anodische Depolarisationspotentiale*

Vorgang (Konzentration des Anions 0,001 m)	Anfang der Stufe	Vorgang	Halbstufenpotential
Hg + Cl$^-$ → HgCl	+0,17	Fe^{II} → Fe^{III} (0,1 n KHF$_2$)	+0,08
Hg + CNS$^-$ → HgCNS	+0,10	Fe^{II} → Fe^{III}(NH$_3$, NH$_4$Cl)	−0,38
Hg + Br$^-$ → HgBr	+0,04	Mn^{II} → Mn^{III} (2 n KOH mit Tartrat)	−0,40
Hg + 2 OH$^-$ → HgO	+0,00	Sn^{II} → Sn^{IV} (HCl)	−0,06
Hg + 2 SO$_3^{2-}$ → Hg(SO$_3$)$_2^{2-}$	−0,07	Sn^{II} → Sn^{IV} (Tartrat- oder Citratpuffer $p_H = 7$)	−0,48
Hg + J$^-$ → HgJ	−0,11	Sn^{II} → Sn^{IV} (0,1 n KOH)	−0,61
Hg + 2 S$_2$O$_3^{2-}$ → Hg(S$_2$O$_3$)$_2^-$	−0,30	Ti^{III} → Ti^{IV} (HCl)	−0,18
		V^{IV} → V^V (1 n KOH)	−0,46
Hg + 2 CN$^-$ → Hg(CN)$_2^-$	−0,42	Vitamin C → Dehydroascorbinsäure ($p_H = 7$)	−0,39
Hg + S^{2-} + HgS	−0,70		
Hg + Thioharnstoff ($p_H = 0$)	−0,09	Thioglykolsäure ($p_H = 7$)	−0,42

Tabelle 4. *Halbstufenwerte einiger Redoxpotentiale*

Vorgang	Lösung	$E_{1/2}$
Cu$^+$ ⇌ Cu^{2+}	0,1 n Na$_2$SO$_4$	−0,06
Cu^I ⇌ Cu^{II}	1 n NH$_3$, 1 n NH$_4$Cl	−0,25
Cu^I ⇌ Cu^{II}	Citratpuffer $p_H = 7$	−0,21
Cr^{2+} ⇌ Cr^{3+}	an CaCl$_2$ gesättigt	−0,55
Fe^{II} ⇌ Fe^{III}	1 n Na-Oxalat	−0,30
Fe^{II} ⇌ Fe^{III}	Citratpuffer $p_H = 7$	−0,49
Fe^{II} ⇌ Fe^{III}	1 n KOH	−0,9
Ti^{III} ⇌ Ti^{IV}	an CaCl$_2$ gesättigt	−0,15
Ti^{III} ⇌ Ti^{IV}	0,1 n KCNS	−0,49
Ti^{III} ⇌ Ti^{IV}	Citronen- oder Weinsäure	−0,48
V^{++} ⇌ V^{+++}	1 n H$_2$SO$_4$	−0,59
Hydrochinon ⇌ Chinon (Chinhydron)	$p_H = 6,67$	−0,011

Tabelle 4 (Fortsetzung)

Vorgang	Lösung	$E_{1/2}$
2,6-Dichlorphenol-Indophenol	$p_H = 6{,}67$	$-0{,}041$
2,6-Dibromphenol-Indophenol	$p_H = 6{,}67$	$-0{,}036$
Rosindulin G, G	$p_H = 6{,}0$	$-0{,}50$
Lactoflavin (Vitamin B_2)	$p_H = 7{,}0$	$-0{,}48$
Adrenochrom	$p_H = 7{,}0$	$-0{,}24$
Cystein ⇌ Cystin	$p_H = 7{,}0$	$-0{,}51$

Tabelle 5. *Reduktionspotentiale einiger wichtigeren organischen Verbindungen*

Verbindung	p_H	Lösung	E
Amine:			
$NH_3(CH_3)Cl$	—	0,01 n Lösung des Amins	$-2{,}08^1$
$NH_2(CH_3)_2Cl$	—	0,01 n Lösung des Amins	$-2{,}09^1$
$NH(CH_3)_3Cl$	—	0,01 n Lösung des Amins	$-1{,}80^1$
$N(CH_3)_4ClNR_4^+$	—	0,01 n Lösung des Amins	$-2{,}6^1$
Aldehyde:			
Formaldehyd	—	0,1 n LiOH	$-1{,}53$
Acetaldehyd	—	0,1 n LiOH	$-1{,}77$
Propionaldehyd	—	0,1 n LiOH	$-1{,}8$
Butyraldehyd	—	0,1 n LiOH	$-1{,}8$
Isovalerianaldehyd	—	0,1 n LiOH	$-1{,}8$
Crotonaldehyd	—	0,1 n LiOH	$-1{,}34^1$
Benzaldehyd (I)	4	Phosphat-Citrat	$-1{,}02$
Benzaldehyd (II)	4	Phosphat-Citrat	$-1{,}27$
Vanillin	—	0,1 n NH_4Cl	$-1{,}37^2$
Zimtaldehyd	—	0,1 n NH_4Cl in 50proz. Äthanol	$-0{,}78^3$
Furfural	—	0,1 n NH_4Cl	$-1{,}22$
Piperonal	—	0,1 n NH_4Cl in 1proz. Äthanol	$-1{,}34^2$
Ketone:			
Aceton	—	0,1 n NH_4Cl	?
Acetonylaceton	2	0,01 n HCl, 0,1 n KCl	$-1{,}13^1$
Acetonylaceton	13	0,1 n KOH	$-1{,}75^1$
Acetophenon	—	0,1 n NH_4Cl	$-1{,}48^2$
Benzophenon	—	0,1 n NH_4Cl	$-1{,}27^2$
Glyoxal	—	0,1 n NH_4Cl	$-1{,}54^2$
Acetylaceton	—	0,01 n LiCl	$-1{,}07^2$
Diacetyl I	—	0,1 n NH_4Cl	$-0{,}74^1$
Diacetyl II	—	0,1 n NH_4Cl	$-1{,}63^1$
Zucker:			
Fructose	—	0,1 n LiCl	$-1{,}80^1$
Sorbose	—	0,1 n LiCl	$-1{,}80^1$
Ungesättigte Säuren:			
Fumarsäure	3,38	Acetatpuffer	$-0{,}81$
Fumarsäure	9,0	Acetatpuffer	$-1{,}80$
Maleinsäure	3,38	Acetatpuffer	$-0{,}81$
Maleinsäure	9,0	Acetatpuffer	$-1{,}39$
Aconitinsäure	1,0	0,1 n HCl	$-0{,}66^1$
Citraconsäure	1,0	0,1 n HCl	$-0{,}66^1$
Mesaconsäure	1,0	0,1 n HCl	$-0{,}66^1$
Acetylendicarbonsäure	1,0	0,1 n HCl	$-0{,}45^1$
Zimtsäure	—	0,1 n NH_4Cl in 50proz. Äthanol	$-0{,}78^2$

Tabelle 5 (Fortsetzung)

Verbindung	p_H	Lösung	E
Säuren und Derivate:			
Brenztraubensäure			
Molekül	4	Robinson-Britton-Puffer	−1,07
Molekül	6,24	Robinson-Britton-Puffer	−1,26
Anion	6,24	Robinson-Britton-Puffer	−1,56
Phenylglyoxylsäure:			
Molekül	4	Robinson-Britton-Puffer	−0,68
Molekül	6,8	Robinson-Britton-Puffer	−1,00
Anion	6,8	Robinson-Britton-Puffer	−1,27
Oxalsäure	2	0,01 n HCl in 0,1 n KCl	−1,07[2]
Oxalester	−	0,1 n NH$_4$Cl in 10proz. Äthanol	−1,40[2]
Oxamid	−	0,1 n KCl	−1,50[1]
Hymatomelansäure	13	0,2 n LiOH	−1,3[1]
Peroxyde:			
Methylperoxyd	−	0,1 n LiCl	−0,3[1]
Dimethylperoxyd	−	0,1 n LiCl	−0,4[1]
Diäthylperoxyd	−	0,1 n LiCl	−0,6[1]
Verschiedene:			
Nitrobenzol	−	0,1 n NH$_4$Cl	−0,35[1]
o-Nitrophenol	−	0,1 n NH$_4$Cl	−0,32[1]
o-Dinitrobenzol I	−	0,1 n NH$_4$Cl	−0,15[1]
Azobenzol	7	Puffer in 40proz. Äthanol	−0,47[1]
Neutralrot	7	Na-Phosphatpuffer	−0,61[1]
Methylenblau	2	Puffer	+0,07
Nicotin	4	Puffer	−1,3
Nicotinsäure	−	0,1 n NH$_4$Cl	−1,12
Chinin	13	0,1 n LiOH	−1,52
Chinolin (I)	−	0,1 n LiCl	−1,28[1]
Chinolin (II)	−	0,1 n LiCl	−1,74[1]
Lobelin	−	0,1 n NH$_4$Cl verdünn. Alkohol	−1,4
Saccharin	−	0,1 n LiCl	−1,80[1]
Saccharin	1,5	0,05 n HCl	−1,00[1]
Methämoglobin	−	0,1 n NH$_4$Cl	−1,25[1]
Bilirubin	7	Na-Phosphatpuffer	−1,34[1]
Hämatin	−	0,1 n NH$_4$Cl	−1,36[1]
Citral	−	1 n NH$_4$Cl in 75proz. Äthanol	−1,43
Citronellal	−	1 n NH$_4$Cl in 75proz. Äthanol	−1,72

Erläuterungen zur Tabelle 5

Alle in dieser Tabelle angegebenen Reduktionspotentiale E beziehen sich auf die Normalkalomelelektrode.

Da bei den älteren Messungen die Bedeutung des Halbstufenpotentials noch nicht bekannt war, definierten die einzelnen Autoren das Reduktionspotential in verschiedener Weise, was durch folgende Bezeichnungen angegeben ist:

[1] Potential definiert durch den Berührungspunkt einer Tangente, die unter einem Winkel von 45° zur Kurve geführt wird, bei einer 10^{-4} m-Konzentration des Depolarisators, wobei die Galvanometerempfindlichkeit so gewählt wird, daß die Stufenhöhe 20 mm beträgt (d.h. Fuß der Stufe).

[2] Potential definiert durch den Schnittpunkt der durch den annähernd waagrechten und den jäh ansteigenden Teil der Stromspannungskurve gezogenen Linien (benutzt von A. WINKEL und G. PROSKE).

[3] Definition wie [1], jedoch für molare Lösungen.

Die Werte ohne Anmerkung sind Halbstufenpotentiale.

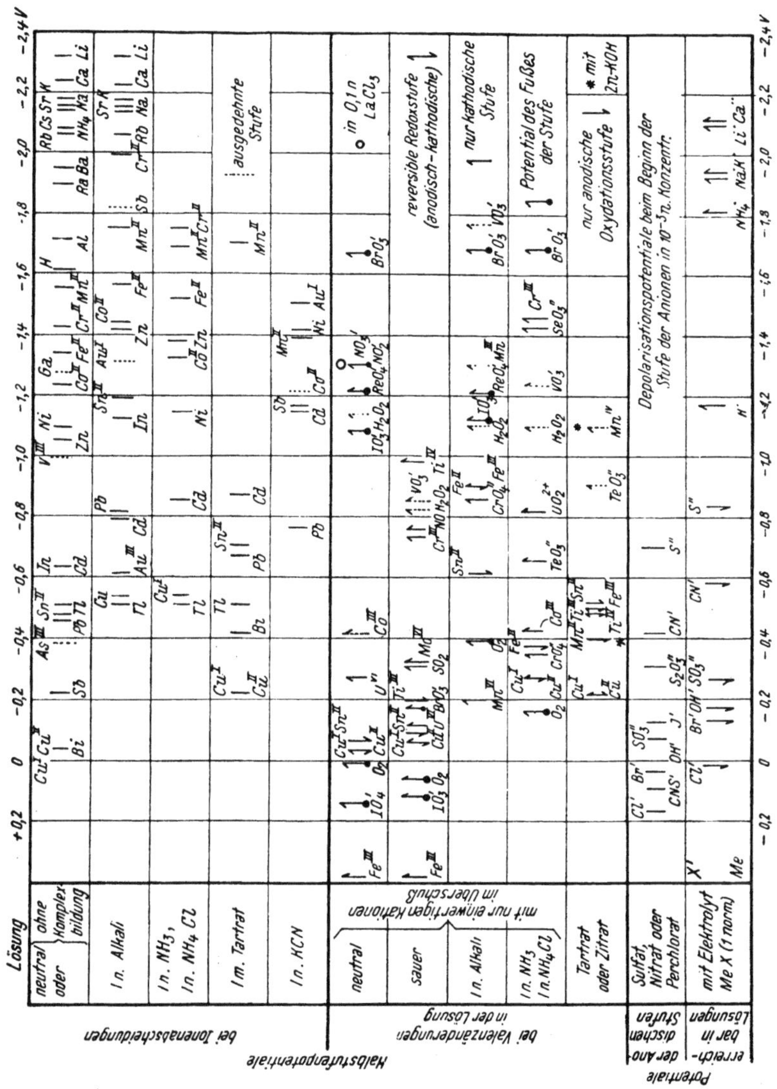

Abb. 105. Diagramm der Depolarisationspotentiale anorganischer Körper an der tropfenden Quecksilberelektrode. Potentiale in Volt bezogen auf 1 n Kalomelektrode bei Zimmertemperatur

IX. Verzeichnis der für das Praktikum erforderlichen Reagentien und der sonstigen Laboratoriumsgeräte

1. Präparate (reinste)

Quecksilber, mindestens .... 2 kg
Kalium- oder Natriumhydroxyd in Plätzchen .... 50 bis 100 g
Natriumsulfit .... 50 bis 100 g
Natriumcarbonat .... 50 bis 100 g
Ammoniumnitrat .... 50 bis 100 g

Oxalsäure .... 50 bis 100 g
Weinsaures Kalium-Natron................................. 50 bis 100 g
Kaliumchlorat .... 10 bis 20 g
Kalium- oder Natriumnitrit .... 10 bis 20 g
Strontiumhydroxyd .... 10 bis 20 g
Gelatine .... 10 bis 20 g
Quecksilberchlorür (Kalomel) .... 10 g
Mercurosulfat .... 10 g
Hexaminokobaltitrichlorid .... 1 g
Ascorbinsäure .... 0,1 g
Cystin .... 0,1 g
Methanol .... 250 ccm
Äthylalkohol .... 250 ccm
Benzin... 250 ccm
Benzol .... 250 ccm
Konzentrierte Säuren: Salzsäure .... 250 ccm
                   Schwefelsäure......................... 250 ccm
                   Salpetersäure .... 250 ccm

2. Normallösungen zu längerem Gebrauch

von Säuren:		H_2SO_4	2 n, 1 n und 0,1 n
		HCl	1 n
		$HClO_4$	2 n
		CH_3COOH	1 n .... je 1 l
	Fumarsäure		0,01 m
	Maleinsäure		0,01 m .. je 100 ccm
von Basen:		LiOH	1 n und 0,1 n
		KOH oder NaOH	1 n
		$Ca(OH)_2$	gesättigt
		NH_3	1 n .... je 1 l
	$(CH_3)_4NOH$ oder $(C_2H_5)_4NOH$		0,5 n
	(d.h. etwa 5%), 20 ccm genügen		
von Salzen:		$CuCl_2$	0,1 n
		$Pb(NO_3)_2$	0,1 n
		$PbCl_2$	gesättigt, etwa 0,07 n
		Tl_2SO_4	gesättigt, etwa 0,2 n
		TlCl	gesättigt, etwa 0,01 n
		$CdCl_2$	0,1 n
		$ZnCl_2$	0,1 n 0,1 n
		$MnCl_2$	0,1 n
$LaCl_3$ 2%ig —		$BaCl_2$ 2%ig	
		KNO_3	0,1 m
		$KBrO_3$	0,1 m
		KJO_3	0,1 m
0,5% Gelatine in 0,5 n HCl			
	0,5% Gelatine in 0,5 n Na_2SO_4 .... je 100 ccm		
		KCl	gesättigt 1 n und 0,0014 n
		LiCl	1 n und 0,1 n
		NH_4Cl	1 n
		$CaCl_2$	1 n
		$BaCl_2$	0,1 n

Sonstige Lösungen: CH$_3$COONa   1 n .... je 1 l
                            H$_2$O$_2$ 1%
                            Formaldehyd   40%
                            Acetaldehyd   40% ... je 100 ccm

Entwickler, z.B. Metol-Hydrochinon, vorzubereiten in der Folge:
                    1 l Wasser, 3 g Metol, 6 g Hydrochinon
                    25 g Na$_2$SO$_3$, 1 g KBr

Fixierbad: 1 l Wasser, 200 g Na$_2$S$_2$O$_3$, 15 g Na$_2$SO$_3$

3. Glasgeschirr

Bechergläser, Inhalt 10 bis 15 ccm	12 Stück
Pipetten zu 1 ccm	12 Stück
Pipetten zu 1 ccm, geteilt in 0,05 ccm	4 Stück
Pipetten zu 10 ccm, geteilt in 1 ccm	2 Stück
Vollpipetten zu 5, 10, 15, 25 ccm, mit 1 Marke	je 2 Stück
Meßzylinder zu 50, 100 und 500 ccm geteilt	je 2 Stück
Meßkolben zu 25, 50, 100 ccm mit Marke	je 2 Stück
Waschflaschen, Inhalt etwa 50 ccm	6 Stück

4. Sonstige Geräte

Destillationsapparat für Quecksilber
Stahlflasche mit reinem Stickstoff
Stahlflasche mit reiner Kohlensäure oder
Kippscher Apparat für Kohlensäure
Mindestens zwei 4 V-Bleisammler und das oben im Text beschriebene spezielle Gerät.

Literaturangaben aus dem polarographischen Schrifttum

Monographien

BŘEZINA, M., u. P. ZUMAN: Polarographie in der Medizin, Biochemie und Pharmazie. Leipzig: Akad. Verlagsges., 1956, 800 S. Englische Ausgabe New York: Interscience, 1958, 883 S.

DELAHAY, P.: New Instrumental Methods in Electrochemistry. New York: Interscience, 1952, 437 S.

HEYROVSKÝ, J.: Polarographie, theoretische Grundlagen, praktische Ausführungen und Anwendungen der Elektrolyse mit der tropfenden Quecksilberelektrode. Wien: Springer 1941, 514 S. Neudruck von Alien Property Custodian, Washington 1944. Edward. Brothers, Ann. Arbor, Michigan, USA.

HEYROVSKÝ, J., u. R. KALVODA: Oszillographische Polarographie mit Wechselstrom. Berlin: Akademie Verlag, 1960, 198 S.

HOHN, H.: Chemische Analysen mit dem Polarographen. Anleitungen für die chemische Laboratoriumspraxis, Bd. III, hrsg. von E. ZINTL. Berlin: Springer, 1937, 102 S. Neudruck von Alien Property Custodian, Washington 1944. Ann. Arbor, Michigan, USA: Edward Brothers.

KOLTHOFF, I. M., u. J. J. LINGANE: Polarography, Polarographic Analysis and Voltametry, Amperometric Titrations. New York: Interscience Publishers 1941, 510 S. Neudruck 1944.

KOLTHOFF, I. M., u. J. J. LINGANE: Polarography, Vol. I., II. II.Ausg. New York, N. Y.: Interscience 1952, 990 S.

KRYUKOWA, T. A., S. J. SINIAKOWA, u. T. W. AREFIEWA: Die polarographische Analyse (russ.). Moskau: Goschimizdat, 1959, 772 S.

MEITES, L.: Polarographic techniques. New York: Interscience 1955, 317 S.

MILNER, G. W. C.: The Principles and applications of polarography and other electroanalytical processes. London: Longmans, Green & Co. 1957, 729 S.

MÜLLER, O. H.: The polarographic method of analysis. 2. Aufl. Easton, Pa., Chem. Educ. Publ. Co. 1951, 209 S.

SONGINA, O. A.: Amperometrische Titration in der Analyse der Mineralrohstoffe (russ.). Moskau: Gosgeoltechizdat, 1957, 212 S.

STACKELBERG, M. v.: Polarographische Arbeitsmethoden. Berlin: W. de Gruyter 1950, 478 S.

TACHI, I.: Polarography (Japanisch). Tokyo: Iwanami 1954, 413 + 139 + 14 S.

Zusammenfassende Darstellungen

BRDIČKA, R.: Polarographie, in E. BAMANN u. K. MYRBÄCK: Die Methoden der Fermentforschung. Leipzig: Thieme 1940, S. 580–627.

DELAHAY, P.: Polarography and voltametry, in Instrumental analysis. New York: Macmillan, 1957, S. 64–105.

HEYROVSKÝ, J.: Polarographie, in W. BÖTTGER, Physikalische Methoden der analytischen Chemie, 2. Teil. Leipzig: Akad. Verlagsges. 1936, S. 260–322. 2. Aufl. 1948, S. 118–306.

HEYROVSKÝ, J.: Fortschritte der Polarographie, in W. BÖTTGER, Physikalische Methoden der analytischen Chemie, 3. Teil. Leipzig: Akad. Verlagsges. 1939, S. 422 bis 477.

HEYROVSKÝ, J.: Polarographie, in J. D. ANS: Chemisch-technische Untersuchungsmethoden, Ergänzung zur 8.Aufl., 1.Teil. Berlin: Springer 1939, S. 75 bis 117.
KONOPIK, N.: Amperometrische Titrationen. I. und II. Österr. Chem. Ztg. **54**, 289–299, 325–332 (1953); organischer Teil, ibidem, **55**, 127–137 (1954).
MÜLLER, O. H.: Polarography, in A. WEISSBERGER: Physical methods of organic chemistry, Part. II. 2. Aufl., S. 1785–1884. New York: Interscience, 1952.
STACKELBERG, M. v.: Die wissenschaftlichen Grundlagen der Polarographie. Z. Elektrochem. angew. physik. Chem. **45**, 466–491 (1939).
STACKELBERG, M. v., u. H. SCHMIDT: Neue Wege der Polarographie. Angew. Chem. **71**, 505–512 (1959).

Tabellen der Halbstufenpotentiale

SCHWABE, K.: Polarographie und chemische Konstitution organischer Verbindungen. Berlin: Akademie Verlag, 1957, 447 S.
SEMERANO, G., u. L. GRIGGIO: Selected values of polarographic data. Ricerca sci. **27**, Suppl., 1957, 327 S.
TERENTIEW, A. P., u. L. A. IANOWSKAIA: Polarographische Methode in der organischen Chemie (russ.). Moskau: Goschimizdat, 1957, 388 S.
VLČEK, A. A.: Tabellen der Halbstufenpotentiale anorganischer Depolarisatoren. Prag: Nakladatelství ČsAV, 1956, 96 S.
ZUMAN, P.: Liste der Halbstufenpotentiale. Coll. czech. chem. Communs. **15**, 1107–1208 (1950).

Die Angaben im Texte

[1] NOVÁK, J. V. A.: Einfache Apparatur für Quecksilberdestillation (tsch.). Chem. Listy **47**, 900–902 (1953).
[2] HILL, D. K.: Kontinuierliche Messungen der Sauerstoffkonzentration unter physiologischen Bedingungen (engl.). J. Physiol. **105**, 24 (1946).
[3] MAJER, V.: Die polarographische Bestimmung der Alkalimetalle. Z. analyt. Chem. **92**, 321–351 (1933). Über den polarographischen und gravimetrischen Gesamtalkaliwert. Z. analyt Chem. **92**, 401–405 (1933).
[4] ABRESCH, K.: Eine neue neue elektroanalytische Methode der Alkalibestimmung. Angew. Chem. **48**, 683 (1935). Ein Gerät zur Alkalischnellbestimmung. Chem. Fabrik **8**, 380 (1935).
[5] NEUBERGER, A.: Titrationen mit polarometrischer Endpunktsanzeige. Z. analyt. Chem. **116**, 1–13 (1939).
[6] KOLTHOFF, I.M., u. V. D. PANN: Amperometrische Titrationen VI. Titration der Sulfate und anderer Anionen mit Blei und die umgekehrten Titrationen (engl.). J. Amer. chem. Soc. **62**, 3332–3335 (1940).
[7] RINGBOM, A., u. B. WILKMAN: Amperometrische Titrationen mit Indikatoren (engl.). Acta chem. scand. **3**, 22–28 (1949).
[8] ISHIBASHI, M., u. T. FUJINAGA: Analytische Chemie unter Anwendung von organischen Verbindungen. XV (engl.). Bull. chem. Soc. Japan **23**, 27–30 (1950).
[9] KALVODA, R., u. J. ZÝKA: Polarometrische Titrationen in der pharmazeutischen Analyse und Arzneimittelkontrolle. Pharmazie 1952, 535–542.
[10] HEYROVSKÝ, J., u. M. SHIKATA: Der Polarograph (engl.). Recueil Trav. chim. Pays-Bas **44**, 591–599 (1925).
[11] HEYROVSKÝ, J.: Deutsches Reichspatent Nr. 693380: „Vorrichtung zum photographischen Aufzeichnen von Stromspannungskurven bei der Elektrolyse" vom 12. XII. 1937.
[12] BREYER, B., F. GUTMANN u. H. H. BAUER: Wechselstrompolarographie Österr. Chem. Ztg. **57**, 67–73 (1956).
[13] JESSOP, G.: Verbesserungen der Polarographen (engl.). Patent Specification 640, 768. The patent office, London, 26. VII. 1950.
[14] FERRET, D. J., u. G. W. C. MILNER: Analytische Anwendungen des „square wave polarograph" nach Barker (engl.). Analyst. **80**, 132–140 (1955).

[15] ZUMAN, P.: Die Reaktion der Carbonylverbindungen mit primären Aminen. Coll. czech. chem. Communs. **15**, 839–873 (1950).

[16] BRDIČKA, R.: Die polarographische Blutserumreaktion für Krebs (engl.). Nature **142**, 617–618 (1938).
Polarographische Eiweißreaktion und ihre Anwendungen. Zeitschr. phys. Chemie, Sonderheft Juli 1958, 165–185.

[17] SPÁLENKA, M.: Eine direkte polarographische Bestimmung von Blei und Cadmium in Cyankaliumlösungen. Z. analyt. Chem. **126**, 49–59 (1943).

[18] KORYTA, J., u. J. TENYGL: Katalytische Elektrodenreaktionen in der Polarographie. I. Polarographische Bestimmung von Chloraten. Coll. czech. chem. Communs. **19**, 839–841 (1954).

[19] PROSKE, G.: Anwendungsmöglichkeiten der polarographischen Methode im Kautschuk-Laboratorium. „Kautschuk" **16**, 1–5, 13–17 (1940).

[20] FORCHE, E.: Polarographische Studien, S .1–47. Dissertation, Universität Leipzig, 1938.

Bibliographisches Verzeichnis

HEYROVSKÝ, J.: Sborník I. mezinárodního polarografického sjezdu, část II.: Bibliografie polarografických prací od 1922 do 1950. (Abhandlungen des I. internationalen polarographischen Kongresses. II. Teil. Bibliographie polarographischer Arbeiten von 1922 bis 1950.) Praha: Přírodovědecké vydavatelství, 1951, 194 S.

HEYROVSKÝ, J., u. O. H. MÜLLER: Bibliography of publications dealing with the polarographic method in 1951. Collection Czech. chem. Communs, Suppl. I, **16/17** (1951–1952), 31 S. Item: in 1952. Ibid. **18** (1953), 46 S.

HEYROVSKÝ, J.: Bibliography of publications dealing with the polarographic method in 1953. Collection Czech. chem. Communs, Suppl. I, **19** (1954) 38 S.; Item: in 1954. Ibid. **20** (1955) 61 S. Item: in 1955. Ibid. **21** (1956) 76 S. Item: in 1956. Ibid. **22** (1957) 79 S. Item: in 1957. Ibid. **23** (1958) 79 S.

HEYROVSKÝ, J., u. J. E. S. HAN: Subject index to polarographic literature, volume II, 1951–1955. (Englisch-chinesisch), Academica Sinica, Peking 1958, 519 S.

SEMERANO, G.: Bibliografia polarografica (1922–1949). Parte I. Elenco dei lavori e indice degli autori. Polarographische Bibliographie (1922–1949). I. Teil. Verzeichnis der Arbeiten und Autorenregister. Suppl. Ricerca sci. **19** (1949) 140 S.

GAGLIARDO, ELENA, item: (1922–1951), Supplemento Nr. 4. Ibid. **21** (1951) 63 S.

MENEGUS-SCARPA, MARIA, u. ELENA GAGLAIRDO, item: (1922–1953), Supplemento Nr. 5. Ibid. **23** (1953) 94 S.

MENEGUS-SCARPA, MARIA, item: (1922–1954), Supplemento Nr. 6. Ibid. **24** (1954) 56 S.

MENEGUS-SCARPA, MARIA, u. BIANCA TOSINI, item: (1922–1954), Supplemento Nr. 7. Ibid. **25** (1955) 49 S.

TOSINI, BIANCA, item: (1922–1955), Supplemento Nr. 8. Ibid. **26** (1956) 58 S.; item: (1922–1956), Supplemento Nr. 9. Ibid. **27** (1957) 63 S.; item: (1922–1957), Supplemento Nr. 10. Ibid. *28* (1958) 79 S.; Item: (1957), Parte II. Indice per soggetti. (II. Teil. Sachregister), Supplemento Nr. 10A. Ibid. **28** (1958) 96 S. (in englischer Sprache).

SCHMITZ, C. L., u. E. F. EWEN: Bibliography of polarographic Literature 1922 bis 1955. (Mit Sachregister.) E. H. Sargent & Co., 4647 West Foster Avenue, Chicago 30, Illinois, 1956, 192 S.

LEYBOLD polarographische Berichte (HANS, W., u. H. U. BERGMEYER, HANS, W. u. Mitarbeiter), Fortlaufende bibliographische Verzeichnisse mit Referaten. Vierteljährliche Zeitschrift. Band **1**: 6 Hefte, 1953/53, 692 Referate. Band **2**: 4 Hefte 1954, 577 Ref. Band **3**: 4 Hefte, 1955, 486 Ref. (STACKELBERG, M. V., O. HOCKWIN u. Mitarbeiter) Band 4: 4 Hefte, 1956, 621 Ref. Staufen-Verlag Köln, z. Z. Kamp-Lintfort.

Polarographische Berichte (STACKELBERG, M. V., O. HOCKWIN u. Mitarbeiter) item Band **5**: 4 Hefte, 1957, 460 Ref. Staufen-Verlag, Kam-Lintfort.

Radiometer Polarographics (SCHOLANDER, A. F., u. HERDIS M. SCHOLANDER): Polarographic abstracts: Vol. 1, No. 1–8, 1950–1952, 705 Abstr. Vol. **2**: No. 1–3, 1952/53, 212 Abstr. (LETH PEDERSEN, P. H.) No. 4–8, Ref. 213–743, 1953/54. (KIVALO, P.) Vol. **3**: No. 1–8, 1955/56, 1239 Ref. Vol. 4: No. 1–6, 1957/58, 810 Ref. Radiometer, 72, Emdrupvej, Copenhagen NV, Denmark.

ISHIBASHI, M., u. T. FUJINAGA: Bibliography of polarographic publications, issued quarterly. A. Metallic elements: No. I, 8 S., No. II, 12 S. (1956), No. III, 8 S., No. IV, 6 S.; Supplement to the former bibliographies: No. V, 10 S., No. VI, 6 S. (1957), Publ. Shimadzu Co., Ltd., Kyoto, Japan.

Sachverzeichnis

Abfall und Bildung eines Tropfens 2
Ableitung der Stromspannungskurven 38
Ableitungskurven 38, 39, 56
Ableitungsschaltung 38
Abscheidungspotentiale 97
Absolute Empfindlichkeit des Galvanometers 11
Acetaldehyd 57, 99
Aceton 99
— Bestimmung von 59, 60
— Reaktion mit Sulfit 59
Acetonylaceton 99
Acetophenon 99
Acetylaceton 99
Acetylendicarbonsäure 99
Aconitinsäure 99
Adrenochrom 99
Adsorptionskoeffizient 89
Adsorptionsstrom 28
Adsorptionsvermögen 88
Aequivalente Konzentration 93
Aequivalent und Empfindlichkeit 79
Aether, Prüfung auf Reinheit 58
Aethylalkohol 23, 82
Albumine 64
Aldehyde 57
Aldehydische Verbb. in Aether 58
Alkaliabscheidung und Filtration 50
Alkaliionen, Bestg. v. 9, 56
Alkalische Lösung mit Sulfit 18, 95
Alkaloide 89
Alkohol als Lösungsmittel 16, 23, 82
Aluminium 17, 97
Ammonbasen 99
Ammoniak, beschl. Wirkg. a. Oxyd. v. Fe u. Mn in Gegenw. v. Sulfit 18
—, verzögernde Wirkg. a. O_2-Entfernung durch Sulfit 18
Ammoniumnitrat, Elektrol. für org. Lösungsmittel 82
Ammoniumstufe 70, 97
Analysengefäße für Serienanalysen 14, 15
Analyse, polarogr., Eigenart u. Vorteile 2, 54
— — in einem Tropfen 13
— — quantitative Methoden 43
— unbekannte Lösungen 90
Anilin, Nitrobenzol i. 60

Anionen, Reduktion 73, 77—79
Anionen, Störung durch 52
Anodenpotential 13, 19—21
Anodische Depolaris. durch Cl'-Ionen 68
— — — Ascorbinsäure 61
Anodische Vorgänge 24
Anodisch-kathodische Polarisation 36
Anodisch-kathodische Stufe 67
Anordnung, polarogr. für Einzelmessungen 9
Anorg. Ionen, Halbstufenpotentiale 97
Anorg. Oxydations- und Reduktionsstufe 67
Anorg. Stoffe, Reduktionspotentiale 97
Antimon 98
Aperiodischer Ausschlag des Galvanometers 10, 49
Apparatur, Prüfung der 46
Aromat. Stoffe, Unterdr.-Wirkg. auf Maxima 89
Ascorbinsäure 61, 98
Aufladung der Tropfen 25, 37
Ausströmungsgeschwindigkeit 25, 26, 79
Auswertung der Polarogramme 42
Automatische Aufzeichnung 33
Azobenzol 100

Barium 97
Barium neben Sr 55
Benzaldehyd 99
Benzin 82
Benzol 23, 82
Benzophenon 99
Berechnung von Analysenergebnissen 55, 66, 93—96
Beschleunigung der Sauerstoff-Entfernung durch Sulfit in Gegenwart von Kupfer 18
Bestimmung,
— Aceton 59, 60
— Adsorptionsvermögen von Säurefuchsin 89
— Aethylaether, Reinheit 58
— Aldehyde 57
— Alkalien 9, 56
— Ascorbinsäure 61
— Barium 55, 92—96
— Blei durch Titration 30
— — neben Thallium 75
— — und Cadmium 65

Sachverzeichnis

Bestimmung,
— Blei und Cadmium in Kupfer 72
— Bodenpotential 36
— Bromat 73
— Cadmium 65, 70, 72, 74, 79
— Chlorat 78
— Chromat 73
— Chromat durch Titration 30
— Cl'-Ionen 68, 95
— Cu, Cd, Ni, Zn, Mn 69
— Cu und Zn in Messing 71
— Cystin 63
— Dämpfung 49
— Depolarisationspotential 12
— Depolarisationsspannung 18
— Dest. Wasser, Reinheit 85
— Eisen 67
— Elementspuren 54
— Empfindlichkeit, höchste 85
— Endpunkt von Fällungs- und Redox-Reaktionen 31
— Formalin 57
— Fruchtsäfte 62
— Fruktose 58
— Fumarsäure 80
— Halbstufenpotential 18
— — mit Tl_2SO_4 70
— Hydroperoxyd 56
— Jodat 73
— Kleinste Konzentrationen, Störung durch Ladungsstrom 37
— Kupfer neben Wismut 74
— Magnesium 32
— Maleinsäure 80
— Metalle verschiedener Valenzformen 76
— Mikroanalytische 83
— Morfin 81
— Nichtwäßrige Lösungen 23, 82
— Nitrate und Nitrite 78
— Nitrobenzol in Anilin 60
— Perjodat 77
— Polarographische 54
— Potential der ruhenden Elektrode 36
— Proteolytische Spaltung von Serumeiweiß 64
— Reinheitsgrad des Wassers 89
— Saccharin 68
— Sauerstoff 8, 50
— Spuren von Bromat und Jodat in Chlorat 73
— Thallium 75, 80
— Thallosulfat 7
— Unbekannte Lösungen 90—96
— Unedle Bestandteile 87
— Verunreinigungen in Naturprodukten 89
— Vitamin C 61
— Weinsäure 33
— Wismut 74

Bestimmung,
— Zink in Überschuß von Cu 87
Bezugselektrode 13, 19, 30
Bilirubin 100
Blei 30, 65, 72, 75, 92, 98
Blutserum 64
Bodenelektrode 13
Brenztraubensäure 100
Bromat 73, 97
Bürette unter Luftabschluß 91
Butyraldehyd 99

Cadmium 65, 70, 72, 74, 79, 98
Caesium 97
Calcium 97
Capillare 4, 5
—, Herstellung 84
Cellulose 89
Chinhydron 98
Chinin 100
Chinolin 100
Chinon 98
Chlorat, indirekte Bestimmung 78
—, Spuren von Bromat und Jodat 73
Chlorionen, Bestimmung 68, 95
Chloroform 82
Chrom 76, 97
Chromat 30, 73, 97
Citraconsäure 99
Citral 100
Citrate, Wirkung von 67
Citronellal 100
Citronensäure 75
CO_2 zur Entfernung von Luftsauerstoff 18, 65
Crotonaldehyd 99
Cyanidionen 98
Cyanidlösungen von Kupfer 72
Cyankali 55, 72
Cystein 99
Cystin 63, 99

Dämpfung des Galvanometers 10
— durch Kondensator 39, 87
Dehydroascorbinsäure 98
Depolarisation durch Kation und Anion 80
Depolarisationspotential,
— Ableitung 20
— Bestimmung 12
— Bezug auf Kalomelelektrode 13
— Tabellen 97—100
Depolarisationsspannung,
— elektrochemische Reaktion 19
— thermodynamische Definition 18
Depolarisator 7, 18
Destillation, Wirkung auf Aetherkurve 59
Destilliertes Wasser, Verunreinigungen 85

Diacetyl 99
Diaethylperoxyd 100
Diaphragma, säure- und alkalifest 14
Dibrom-Indophenol 98
Dichlor-Indophenol 98
Diffusionsgeschwindigkeit und Stufenhöhe 79
Diffusionskonstante 25, 79
Diffusionspotential, Eliminierung des 13
Diffusionsstrom 7, 25, 79
— Ausbildung durch Zusatzelektrolyte 22
— Formel 25, 79
Dimethylammoniumchlorid 99
Dimethylperoxyd 100
Dinitrobenzol, ortho 100
Drehspul-Galvanometer, Empfindlichkeit 9
Druckregler 15, 16
Durchmesser der Capillare 4, 84
Durchströmungsgeschwindigkeit 5, 26, 47, 79

Eialbumin 64
Eichkurve 44, 61, 64, 93
Eichzusatz 44, 55, 56, 65
Einzelmeßanordnung 11
Eisen 97
— Anorganische Oxydations-Reduktionsstufe 67
Eiweiß 63, 64
Eiweißdoppelstufe 64
Eiweiß-Stoffe, Störung durch 52
Elektrisches Feld an der Tropfelektrode 21, 22
Elektrochemische Reaktion bei Depolaris. Spannung 19
Elektrodenoberfläche 1
Elektrodenpotential 1, 5, 18—21, 24
Elektrolysengefäße 12—17, 83—84
Elektrolyt für organische Lösungsmittel 23, 82
Elektrolyte großer Depolarisationsspannung 21
— zur Unterdrückung der Maxima 22
Elektromotorische Kraft 20
Elektronen, Zahl d. E. bei Reduktion 26, 79
Elektronenverbrauch als Ursache der Stufen 18
Eliminierung der Diffusions-Potentiale 13
Empfindlichkeit,
—, absolute 11
—, Berechnung der 46
—, Einstellen der 10, 47
—, Galvanometer 6, 9, 10
—, größere der Nitrat- als der Kationenbestimmung 79

Empfindlichkeit,
—, höchst erreichbare 11, 85
— und Aequivalent 79
Endpunktbestimmung bei Titration 31
Entfernung des Luftsauerstoffs 6, 8, 15, 17, 54
— — —, Verzögerung durch Ammoniak und organische Verbindungen 18
Enzymatische Vorgänge 9
Enzymwirkung des Pepsins 65
Erfassungsgrenze der pol. Analyse 2
Essigessenz 89
Essiggeist 89
Essigsäure 89
Europium 97

Faraday 26, 79
Farbstoffe zur Unterdrückung der Maxima 88
Fällungsreaktionen, polarom. Titration 32
Fettlösungsmittel 82
Filtration, Wirkung 50
—, durch Sinterglas 51
Formaldehyd 26, 57, 99
Formalin 57
Fremdelektrolyt (Zusatzelektrolyt) 21
Fruchtsäfte, Bestimmung von Vitamin C 62
Fruktose 58, 99
Fumarsäure 80, 99
Furfural 99
Füllen der Tropfelektrode 4
— der Kontaktröhrchen 5

Galvanometerempfindlichkeit 6, 9, 10
— und Sauerstoffstufen 17
Gas, Zuführung von, 12, 14, 16, 17
Gasleitung mit Druckregler 15
Gefäß für Bestimmung in Abwesenheit von Luft 12—16, 84
— — nichtwäßrige Lösungen 16
— — Serienanalysen 14
— — Mengen unter 1 ccm 83, 84
— — Temperaturbad 16
— mit Bezugselektrode 13, 20
— nach Kalousek 13
— — Maasen 14
— — Novak 15
Gegenstrom 87
Gegenwart von Luftsauerstoff 55—65
Gelatine zum Unterdrücken der Maxima 8, 29, 51, 89
Genauigkeit der polarogr. Analyse 2
— — polarometrischen Titration 31
Geräte allgemein 103
Geräte für Mikrobestimmung 83
Gesättigte Kalomelelektrode 13, 20
Gesonderte Bezugselektrode 12, 30

Sachverzeichnis

Glaskapillare für Tropfenelektrode 4, 5
Gleichung des Diffusionsstromes 26, 79
— des Ladungsstromes 25
— des kinetischen Stromes 27
Glucose 26
Glyoxal 99
Gold 98
Graph. Darstellung der polarograph. Titration 31, 32
Grenze der Nachweisgenauigkeit 2
Grenzstrom 7
Grenzstromtitration 29
Grundelektrolyt 7, 21
Grundlösungen 21, 55

Hämatin 100
Halbstufenpotential 18—20, 69, 97, 98
—, Ableitung 18
—, Bestimmung 19, 69
—, Tabellen 97 f.
—, Unabhängigkeit 19
—, von Thallium 69
Herstellung der Tropfelektrode 4
Hochmolekulare Stoffe 89
Höhe der Quecksilbersäule 25
Honig 58
Hydrochinon 98
Hydroperoxyd 56
Hymatomelansäure 100

Inaktivierung von Pepsin 65
Indifferente Elektrolyte 21
Indifferentes Gas, Zuführung 12, 14, 16, 17
Indirekte Bestimmung 59, 60, 78, 81
— Indikation 32
Indium 98
Indophenole 99
Inflexionspunkt 71
Inhomogenes Feld 88
Innerer Widerstand des Galvanometers 9
Invertzucker 58
Ionenkomplexe 22, 54
Isomere Säuren 80
Isovalerianaldehyd 99

Jodat- und Perjodat-Ionen 73, 77, 97
Jodidionen 98

Kalium 97
Kaliumchlorid zur Eliminierung des Diffusionspotentials 13
Kalomelelektrode 13, 19, 20, 100
Katalytischer Strom 27
Katalytische Wasserstoffabscheidung 27, 63
Kathodisch-anodische Polarisation 36, 61
Kathodische Vorgänge 24

Kathodische und anodische Stufe 67, 80
Kationen, Depolarisationspotentiale 97, 98
—, Reduktion von 76
Kautschuk 82
Ketone als Lösungsmittel, Gefäß für 16
Kinetischer Strom 26, 58
Kobalt 63, 97, 98
Kobaltamin 65
Kohlendioxyd zur Entfernung des Luftsauerstoffs 17
Kolloidale Verunreinigung von Wasser 89
Kolloide, undeutliche polarogr. Wirkung 55
— zur Unterdrückung der Maxima 89
Kompensation des Diffusionsstromes 87
— des Ladungsstromes 37, 85
Kompensationsmessung 37
Komplexbildung, Einfluß auf Abscheidung 22, 54, 72, 74
Komplexbildner, Einfluß auf Redoxstufe 67
Komplexe durch Elektrolytzusatz 22, 54, 93
Kondensator zur Dämpfung 39, 87
— — Ableitung 39
Konstante Höhe der Hg.-Säule 16, 43
Konstanz des Halbstufenpotentials 19
Kontakte, Reinigung 52, 53
Kontaktröhrchen 5, 15
Konzentration, Bereich der 2
—, kleinste und Ladungsstrom 37, 85
Koordinatenschreiber 41
Kriechen der Lichtmarke 10
Kritischer Widerstand 10, 11
Kupfer 70, 71, 74, 85, 87, 92—96, 98
—, beschleunigende Wirkung auf Sulfit/Sauerstoffreaktion 18
— in dest. Wasser 85
— in Messing 71
— neben Wismut 74
—, Reduktion der Ionen 77
Kurven:
— Ableitungskurven 38, 39, 56
— Acetaldehyd 57
— Aceton 59
— Adsorptionsvermögen von Säurefuchsin 89
— Aethylaether 59
— Alkali mittels Ableitung 56
— Alkalische Lösung mit Sulfitzusatz 94
— Aluminium mit Sauerstoff 17
— Ascorbinsäure 62
— Barium in Strontiumhydroxyd 56
— Blei, Cadmium 66
— Blei, Cadmium in Kupfer 72
— —, in alkalischen Lösungen 22, 76
— Blutserum 64
— Brom in Schwefelsäure 27

Kurven:
— Cadmium 28, 29, 66
— Chlorionen 69
— CuI, CuII, Cd, Ni, Zn, Mn, NH$_4$ 70
— Cu und Zn in Messing 72
— Cystin 63
— Eichkurve für Askorbinsäure 61
— — für Cystin 64
— Einfluß von Kautschuk 83
— Eisen 67
— Formaldehyd 27, 57
— Fruktose 58
— Fumarsäure 81
— Glucose 26
— Halbstufenpotentiale mit Thalliumsulfat 71
— Höchste Empfindlichkeit durch Kompensation 86
— Hydroperoxyd 57
— JO$_3$-, BrO$_3$-Stufen 73
— Katalytische Wasserstoffabscheidung 27
— Kathod. Stufe des Kations und anodische des Anions 80
— Kathodische Stufen von Kation und Anion 80
— KCl-Lösung filtriert durch Papier- u. Sinterglas-Filter 50
— Ladungsstrom 25
— Laktoflavin 24
— Luftsauerstoff-Maximum 49
— — Einfluß der Behälterhöhe 28
— —, Sulfitwirkung 50
— —, Unterdrückung durch Gelatine 51
— — — — Zusatz des Elektrolyten 22
— —, verschiedene Dämpfung 49
— mit Maximum I. Art 28
— mit Maximum II. Art 29
— Nitrobenzol in Anilin 60
— Nitrosomorphin 82
— Na$_2$SO$_3$ 7
— Na$_2$SO$_3$ und Tl$_2$SO$_4$ 7
— NO$_3$ und NO$_2$ 79
— Polarometrische Titrationskurven 37, 38
— Reduktion von JO$_4'$ 77
— — von Kationen 76
— — von Malein- und Fumarsäure 81
— Reinheitsprüfung von dest. Wasser 85
— Saccharin 68
— Saccharose invertiert 58
— Sauerstoff mit verschiedener Behälterhöhe 26
— Sauerstoffbestimmung 8
— Sauerstoff in Äthanol 23
— Sauerstoff und Kalium 49
— Serumeiweiß 64
— Spuren von Bromat und Jodat in Chlorat 74

Kurven:
— Störungen 52
— Titration Pb^{2+}/CrO$_4''$ 73
— Trennung der Cu- und Bi-Stufe 74
— — der Pb- und Tl-Stufe 7
— Unterdrückungswirkung von Naturessig 89
— Untersuchung einer unbekannten Lösung 92, 94, 95
— — von Trinkwasser 90
— Zink in Überschuß von Kupfer 88

Ladungsstrom 25
—, Kompensation 37
—, Störung bei Bestimmung kleinster Konzentrationen 85
Laktoflavin 24, 99
Lanthanchlorid 78
Leere Lösung 7
Leitfähigkeit 21
Lichtmarke 34, 48
Literaturübersicht 104
Lithium 21, 56, 97
Lobelin 100
Löslichkeit des Sauerstoffs 8, 17, 23
Lösung, echte als Vorbedingung 55
Lösungsmittel, nichtwäßrige 16, 23, 82
Luft, Vertreiben durch indiff. Gas 12, 17, 74
Luftausschluß 12, 13, 15, 16, 17, 74, 84
Luftsauerstoff (siehe auch unter Sauerstoff)
—, Entfernung des 6, 8, 15, 17, 54
—, Reduktion des 8, 17, 54
—, Untersuchung in Gegenwart von Luft 55—65
Lysoform, Bestimmung von 57

Magnesium 32, 97
Maleinsäure 80, 99
Mangan 70, 92—96, 97
Manuelle Polarographen 40
Maxima an Strom-Spannungskurven 22, 28, 88
—, Unterdrückung durch Elektrolyte 22
—, — durch Farbstoffe 29, 88
—, — durch Gelatine 29, 54, 89
—, — durch Kolloide 29, 89
Maxima II. Art 29
Mercurioxydelektrode 20
Mercurosulfat zur Beeinflussung des Anodenpotentials 13
Mercurosulfatelektrode 13, 20
Mesaconsäure 99
Meßanordnungen, einfachste 3
Meßbrücke, Widerstand 3
Meßdraht 3, 33, 35
—, Verminderung der Spannung 35
—, Umpolen 37

Meßgefäße 12—16, 83, 84
Messing, Untersuchung von 71
Meßtechnik mit Polarographen 46f.
Messung des Potentials der ruhenden Elektrode 36
Metallabscheidung 55, 65, 69, 74
Metallspuren im Wasser 85
Methämoglobin 100
Methoden der quant. Analyse 43
Methylalkohol 23, 82
Methylammoniumchlorid 99
Methylenblau 100
Methylperoxyd 100
Migrationsstrom 28
Mikroampermeter 6
Mikroanalytische Untersuchung 83
Mikrogefäße und -geräte 83
Mikropolarograph 35
Mittelwert der Galv. Schwingungen 6
Molybdän 97
Morphin 81
Morphium 68
Mutterlauge, Verunreinigung 73

Nachweisgrenze 2
Natrium 7, 56, 97
Natriumsulfit 6, 18, 69—74
—, Entfernung von Luftsauerstoff 18, 50, 69—74
—, Reaktion mit Aceton 59
—, ungenügende Reduktionswirkung 18
—, Verzögerung der Reaktion 18
Naturprodukte, Unterdrückungswirkung 58, 89
—, Unterscheidung von synthetischen Produkten 89
Nebenschluß 10, 11, 34
Negativierung durch Sulfit 50, 94
Negativste Abscheidungspotentiale 21
Neutralrot 100
NH_4-Ionen 70, 71, 94, 97
Nichtwäßrige Lösungen 16, 23, 82
Nickel 70, 92, 94, 98
Nicotin 100
Nicotinsäure 100
Nitrate 78, 97
Nitrite 78, 97
Nitrobenzol 100
— in Anilin 60
Nitrophenol 100
Nitrosomorphin 81
Normalelektrode 20
Normalität für erforderliche Leitfähigkeit 21
Normallösungen 102
Nullspannung, Titration bei 31

Oberfläche der Tropfelektrode 1
Oberflächenaktivität 88
Oellösungsmittel 82

Organische Oxydation 24, 61
— Reduktion 57, 68, 80
— Stoffe 21, 96
— —, verzögernde Wirkung auf Sulfitreaktion 18
— —, Wirkung des p_H-Wertes 96
Osmium 97
Oxalate, Wirkung 67, 78
Oxalester 100
Oxalsäure 100
Oxamid 100
Oxydation (siehe auch Sauerstoff)
—, organische 24, 61
— von Ascorbinsäure 61
— von Eisen 67

Papier für Polarogramm 40
Partialdruck des Sauerstoffs 17
Pepsin, Inaktivierung 65
—, Wirkung auf Serumeiweiß 64
Perjodat 73, 77
Peroxyde 100
Peroxydische Verbindungen in Aether 58
p_H-Wert 81, 96, 99, 100
Phenylglyoxylsäure 100
Phosphate, Wirkung 67
Photographische Registrierung 33, 41
Phytoalbumin 64
Piperonal 99
Pipetten zum Einfüllen von Quecksilber 5
Platinkontakt 5, 47
Plumbit 95
Polarisation 1
—, anodisch-kathodische 36
Polarisierbarkeit der Tropfelektrode 1
Polarogramm 34
—, Auswertung 42
—, Probe 48
Polarograph 33
— Manuel 40
—, Mikro- 35
— mit Photoregistrierung 34, 41
— mit Tintenschreiber 41
Polarographie unter Wasserstoff 15, 17
Polarographische Anordnung 3, 11, 33
— Bestimmungen 54
— Spektrum 39, 70
— Ströme 24
Polarometrische Titration 12, 29
Polymerisate 89
Polyvinylchlorid als Schlauchmaterial 5
Potential 1, 12, 13, 14, 18f., 71
Potential der ruhenden Elektrode 13, 18—21, 36
Potentialabfall 21, 71
—, Regulierung des P. im Meßdraht 35
Präparate 101
Praktikumsanordnung 3

Propionaldehyd 99
Proteine 64, 89
Proteolytische Eiweiß-Spaltung 64
Prüfung der Apparatur 46
— — Reinheit von Aethylaether 58
— — — von destill. Wasser 85
Pufferlösungen, Trennung und Überdeckung von Stufen durch 21, 81, 96

Quantitative Bestimmung 43, 55, 56, 61, 65, 92—96
Quecksilber, Auflösen des 2, 18
— für polarographische Untersuchungen 6
— in verschiedenen Reaktionen 98
—, Störung durch adsorptive Stoffe 52
Quecksilberbehälter 4
Quecksilberdruck, Einfluß auf Tropfzeit 5
Quecksilberelektrode 2
Quecksilberhöhe 25
—, Abhängigkeit von der 26, 27, 28, 29
Quecksilberkontakt 5, 12, 14
Quecksilberoberfläche 1
Quecksilbertropfelektrode 1, 3
Quecksilbervergiftung 45

Radium 97
Redoxreaktionen, polarographische Titration 32
Redoxstufe von Eisen 67
Reductor 35
Reduktion des Luftsauerstoffs 8, 17, 54
— — —, schnelle Wirkung von „Metol" 18
— — —, ungenügende Wirkung von Sulfit in Gegenwart von Ammoniak 18
—, organische 57, 68, 80
— um mehrere Valenzeinheiten 73
— verschiedener Anionen 73, 77—79
— von Chloraten 78
— von Eisen 67
— von Kationen 76
Reduktionspotential, Einfluß des p_H-Wertes 81
Reduktionspotentiale anorganischer Stoffe 97
Registrierendes Gerät 33, 41
Reinheit des Stickstoffs 17
Reinheitsprüfung von Aethylaether 58
Reinigen der Kapillarelektrode 6, 53
— der Kontakte 53
— des Quecksilbers 6
Relative Empfindlichkeit des Galvanometers 10
Reststrom 29
Reversibilität der Elektrodenvorgänge 24
Rhenium 97
Robinson-Britton-Puffer 21, 100

Rosindulin 99
Rubidium 97

Saccharin 68, 100
Saccharose 58
Säurefuchsin 89
Salicylsäure 89
Samenalbumin 64
Sauerstoff, Austreiben durch indiff. Gase 12, 14, 16, 17
—, Entfernung des 6, 8, 15, 17, 54
— — durch CO_2 aus der Lösung 8, 17, 65—69
—, Reaktion mit Natriumsulfit 18, 69 bis 74
—, Verminderung d. Konz. durch enzym. Vorgänge 9
—, Verzögerung der Sulfitreaktion durch organische Verbindungen und NH_3 18
Sauerstoffgehalt von Lösungen 8, 17
Sauerstofflöslichkeit, hohe in organischen Lösungsm. 23, 82
Sauerstoffmaximum 22, 28, 49—51, 88 bis 90
Sauerstoffreduktion 8, 17, 54
— Einfluß auf andere Prozesse 17
Sauerstoffstufen und Galvanometerempfindlichkeit 17
Sauerstoffwirkung auf zweiwertiges Zinn 75
Schaltung für Ableitung 38
— — Gegenstrom 87
—, kathodisch-anodische 36
— nach Hoekstra 36
— — Ilkovič und Semerano 37
— — Kalousek 37
— zum Einstellen der Dämpfung 10
— zur Kompensation des Ladungsstromes 37
Schematische Ableitungskurve 38
Schott-Sinterglasfilter, Wirkung 51
Schutz vor Quecksilbervergiftung 45
Schwefelgruppe im Cystin 64
Schwefelhaltige Bestandteile des Kautschuks 83
Schwefelhaltiges Eiweiß 64
Schwingen des Galvanometerausschlages 6
Schwingungsdauer des Galvanometers 9
Selen 97
Serienanalysen 14, 31
Serumeiweiß 64
Sinterglasfilter 51
Sorbose 99
Spannung 3, 18, 21
—, Verminderung am Meßdraht 35
Spannungsabfall 21, 71
Spannungsschritte 6
Spektrum, polarogr. 39, 70
Spiegelgalvanometer, Anordnung mit 11

Spiegelgalvanometer, aperiodische Dämpfung 10, 49
—, Empfindlichkeit 10, 46
—, innerer Widerstand 9
Spuren von Nitrobenzol 60
— von Blei in Kupfer 72
— von Bromat und Jodat in Chlorat 73
Spurennachweis 54
Standardlösung 44
Standardzugabe 44, 55, 56, 65
Stickstoffoxyd 78
Stickstoff, Reinheit 17
— zur Entfernung des Luftsauerstoffs 17, 74
Störungen des Kurvenverlaufs 51
— durch Ausbleiben der Tropfenbildung 52
— — Bewegung einzelner Teile 47
— — Eiweiß-Stoffe oder Anionen 52
— — Filtration 51
— — Sulfationen 78
— nach großen Stromstärken 52
Strom, Größenordnung 47
Strom-Potentialkurve 18, 19, 20, 21
Strom-Spannungskurve 6—8, 18—21
Stromstärke, Einfluß auf Halbstufenwerte 71
Ströme, polarographische 24
Strontium 97
Strontiumpräparate, Barium in 55
Stufe 7, 18
Stufen, der Alkaliionen 9
—, durch Verwandlung von Ionen in Komplexe 22, 54, 93
—, kathodische und anodische 67, 80
—, Trennung sich deckender durch Komplexbildung 23, 74, 75
—, — — — durch Pufferlösungen 80
Stufenhöhe 7, 8, 25, 79
—, definierte durch Zusatzelektrolyt 22
—, Erniedrigung durch Gegenstrom 87
—, Faradaybedarf und Diffusionsgeschwindigkeit 79
— und Valenzeinheiten 73, 79
Stufentrennung durch Ableitung 38, 56
Sulfationen, Störung durch 78
Sulfit siehe Natriumsulfit
Sulfosalicylsäure 89
Symmetriepunkt 71
Synthetische Produkte, Unterscheidung von Naturprodukten 89

Tabellen:
— Anodische Depolarisationspotentiale 98
— Depolarisationspotentiale in Diagrammform 101
— Halbstufenpotentiale bei Abscheidungen 97

Tabellen:
— Halbstufenpotentialwerte einiger Redoxpotentiale 98
— Reduktionspotentiale anorganischer Stoffe 97
— Reduktionspotentiale wichtiger organischer Verbindungen 99, 100
— Zusammenstellung der Literaturangaben 104
— — von Reagentien und Geräten 101 bis 103
Tangente 71, 100
Tartrate, Wirkung von 67, 75
Tellur 97
Temperaturabhängigkeit der Stufe der Glucose 26
Temperaturbad für Meßgefäß 16
Temperatureinfluß 25, 26, 27
Temperaturkoeffizient 26
Tetramethylammoniumchlorid 99
Tetramethylammoniumhydroxyd als Zusatz 9
Thallium 92—96, 97
Thallochlorid 8
— sulfat 7, 71
Thermodynamische Definition der Depolarisationsspannung 18
Thioglykolsäure 98
Thioharnstoff 98
Tintenschreiber-Polarograph 41
Titan 97
Titration, polarometrische 12, 29
Titrationskurven 31, 32
Trennung der Überdeckung von Cu- und Bi-Stufe 74
— — — von Fumar- und Maleinsäure 81
— — — von Pb- und Tl-Stufe 76
Trimethylammoniumchlorid 99
Trinkwasser, Untersuchung von 90
Tropfbedingungen 25—29, 79
Tropfelektrode 1, 4
—, anodisch-kathodische Polarisation 36
—, elektrisches Feld 21, 22
— mit modifiziertem Kontakt 16
Tropfen, Ladung 25, 37
—, Analyse im 13
Tropfzeit 5, 25, 26, 79
Tylose 89

Überdeckung von Cu- und Bi-Stufe 74
— von Fumarsäure- und Maleinsäure-Stufe 81
— von NO_3'- und NO_2'-Stufe 78
— von Pb- und Tl-Stufe 76
Überschuß der indifferenten Elektrolyten 19
— unedler Bestandteile 54
Unabhängigkeit der Halbstufe von Konzentration und Tropfbedingungen 19

Unedlere Bestandteile, Bestimmung von 87
Ungesättigte Säuren 80
Universalgefäß nach Novák 14
Unterdrückung der Maxima 22, 29, 51, 88
Unterdrückungsvermögen 88
Untersuchung alkalischer Lösungen 94
— nichtwäßriger Lösungen 16
— unter Luftabschluß 12, 54
— von Fruchtsäften 62
Unveränderte Lage der Capillarmündung 16
Umpolen des Meßdrahts 37
Uran 97

Valenzeinheiten und Stufenhöhe 73, 79
Valenzformen, Reduktion von Kationen zu niedrigeren 76
— — von Anionen zu niedrigeren 73, 77
Vanadium 97
Vanillin 99
Verdünnung, Einfluß bei Titration 31
Verschiebung der Halbstufenwerte 22, 71
Verstopfen der Capillare 6
Versuchsprotokoll 48
Verunreinigungen 86
—, Vermeidung von 8
Verzögerte Reaktion 18
Vitamin B_2 99
Vitamin C 61, 98
Volt, Bedeutung der Vorzeichen 21
Vorrichtung zur Bestimmung des Bodenpotentials 36
Vorzeichen, Bedeutung der 21

Wasser, Bestimmung von Sauerstoff und Alkalien 9

Wasser, destilliertes, Reinheitsprüfung 85
—, hochmolekulare oder kolloidale Verunreinigungen 89
Wasserstoff 97
— als indifferentes Gas 15, 17, 74
Wasserstoffabscheidung, katalytische 27, 54, 63
Wasserstoffperoxyd 57, 97
Wasserstoffüberspannung 2
Weinsäure 33, 74
Widerstand des Meßdrahts 3
—, für aperiodische Dämpfung 10
—, innerer 9
—, kritischer 10
—, zur Verminderung der Spannung am Meßdraht 35
Wismut 74, 98
Wolfram 97

Ytterbium 97

Zelle, einfachste polarographische 4
Zeigergalvanometer 6
Zersetzungsspannung 7
Zimtaldehyd 99
Zimtsäure 99
Zink 70, 71, 85, 86, 87, 92—96, 98
— in dest. Wasser 85
— in Messing 71
— neben viel Kupfer 87
Zinn 98
—, Sauerstoffwirkung 75, 93
Zucker 58
Zufuhr von indifferentem Gas 12, 15
Zuleitungskontakt, modifizierter 17
Zusammensetzung der Lösung, Unabhängigkeit von 19
Zusatzelektrolyt 21

MIX
Papier aus verantwortungsvollen Quellen
Paper from responsible sources
FSC® C105338

If you have any concerns about our products,
you can contact us on
ProductSafety@springernature.com

In case Publisher is established outside the EU,
the EU authorized representative is:
**Springer Nature Customer Service Center GmbH
Europaplatz 3, 69115 Heidelberg, Germany**

Printed by Libri Plureos GmbH
in Hamburg, Germany